极客学院
jikexueyuan.com

互联网+职业技能系列

职业入门 | **基础知识** | 系统进阶 | 专项提高

微信公众平台

开发实例教程

WeChat Public Platform Development

极客学院 出品
孟祥磊 编著

人民邮电出版社
北京

图书在版编目（CIP）数据

微信公众平台开发实例教程 / 孟祥磊编著. -- 北京：人民邮电出版社，2017.2（2021.6重印）
（互联网+职业技能系列）
ISBN 978-7-115-44606-0

Ⅰ. ①微… Ⅱ. ①孟… Ⅲ. ①移动终端－应用程序－程序设计－教材 Ⅳ. ①TN929.53

中国版本图书馆CIP数据核字(2017)第004486号

内 容 提 要

全书共分 10 章，主要包括微信公众平台开发概述、微信公众平台开发快速入门、微信公众平台常见 HTML5 创意宣传页制作、天气预报查询功能实例、微信公众平台接口介绍与配置、微信公众平台基础接口实例讲解、微信公众平台高级接口实例讲解、手机短信验证功能实例、微信绑定功能实例、微信公众平台开发之面向对象。全书遵循着循序渐进的原则，由浅入深地讲解了微信公众平台开发知识，并提供了相应源代码以便读者使用。

本书可作为微信公众平台开发初学者的学习用书，也可作为高等院校计算机类专业的教材。

♦ 编　　著　孟祥磊
责任编辑　桑　珊
执行编辑　左仲海
责任印制　焦志炜

♦ 人民邮电出版社出版发行　　北京市丰台区成寿寺路 11 号
邮编　100164　　电子邮件　315@ptpress.com.cn
网址　http://www.ptpress.com.cn
北京隆昌伟业印刷有限公司印刷

♦ 开本：787×1092　1/16
印张：13　　2017 年 2 月第 1 版
字数：306 千字　　2021 年 6 月北京第 8 次印刷

定价：39.80 元

读者服务热线：(010)81055256　印装质量热线：(010)81055316
反盗版热线：(010)81055315

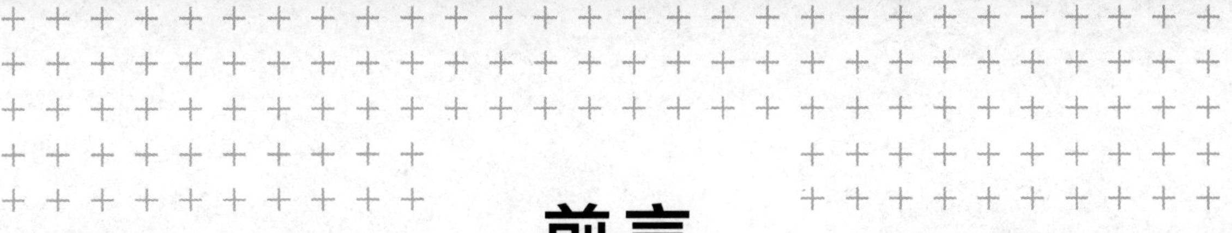

前言
Foreword

微信公众平台自诞生以来，一直引领着行业的发展，其相应的开发技术、工具已相对成熟，同时数量已达千万量级，在众多移动互联网产品中的热度居高不下。

全书以初学者阅读的角度为前提，以深度掌握微信公众平台应用开发为目的，同时依据编者多年微信公众平台开发及运营的经验，全面解读了微信公众平台开发所需的知识、软件、环境及微信公众平台各核心 API 的功能和调用方法。

本书主要特点如下。

1. 学习门槛低，面向大众用户：即使没有编程基础，读者通过认真研读、学习，也可具备一定的微信公众平台开发能力。

2. 理论与实际功能开发紧密结合：本书在完成各接口、技巧讲解的同时，结合这些知识完成实际的功能开发，使读者更加形象地理解每项知识并快速掌握。

3. 合理、有效的组织：本书按照由浅到深、由初级到高级的顺序编写，读者在持续学习的过程中会自然而然地提高自身的微信公众平台开发能力。

4. 内容实用、翔实：本书内容根据编者多年微信公众平台开发、运营的经验，以及多年的 PHP 开发经验总结所得，全部是微信公众平台开发中的核心知识。掌握了本书内容并能举一反三，即可满足绝大部分微信公众平台的开发需求。

为方便读者使用，书中全部实例的源代码均免费提供给读者，读者可登录人民邮电出版社教育社区（www.ryjiaoyu.com）进行下载，文中视频也可登录 www.ryweike.com 进行观看。

本书由孟祥磊编著，在编写过程中得到了小黑豆的大力支持，在此表示感谢。

由于编者水平有限，书中不妥或错误之处在所难免，殷切希望广大读者批评指正；同时，恳请读者一旦发现错误，就于百忙之中及时与编者联系，以便尽快更正，编者将不胜感激。E-mail：mxlbook@163.com。

孟祥磊

2016 年 11 月

如何使用本书

本套丛书由极客学院精心打造，通过大数据分析，把握企业对职业技能的核心需求，结合极客学院线上课程学习，开启 O2O 学习新模式。

第 1 步：创建线上学习账号

使用微信扫描如下二维码，自动创建（登录）极客学院账号，并自动加入与本书配套的线上社群。

第 2 步：立体化学习

创建账号后，即可开始学习，除了学习图文内容外，还可以扫描书中二维码观看配套视频课程，下载对应资料，查看常见问题并提问，参与社群讨论。

资料

视频

问题

第 3 步：学习结果测评

完成学习后，可以扫描以上二维码，参加本书测评，成绩合格者可以申请课程结业证书，成绩优秀者将会获得额外大奖。

目录
Contents

PART01

第1章 微信公众平台开发概述

重点知识：

- 微信公众平台介绍
- 开发所需知识及软件
- 本地与服务器运行环境搭建

■ 当前微信公众平台如此火热，企业、组织、媒体都迫切地需要一个好的微信公众平台。但与此同时，用户对公众平台的期望也越来越高，企业对公众平台也有着更加个性化的要求。所以，能开发出同时满足用户与企业要求的微信公众平台者，已经成为这个社会所迫切需要的人才。本章将重点讲解微信公众平台的作用与前景、开发所需的知识以及开发前的准备。

1.1 微信公众平台介绍

微信公众平台无疑是当前互联网世界中的宠儿，它的应用牵扯到我们生活、工作的方方面面。本节通过对微信公众平台的发展、特性、类型和基础功能等进行介绍，希望初学者能够快速对公众平台有一个初步的认知。

极客学院
jikexueyuan.com

极客学院在线视频学习网址：
http://www.jikexueyuan.com/course/1323_1.html
手机扫描二维码

什么是微信公众平台

1.1.1 微信公众平台简介

1. 微信公众平台的诞生

微信公众平台是腾讯在微信 App 内推出的针对个人、企业和组织提供业务服务与用户管理能力的全新服务平台。

2012 年 8 月 20 日，腾讯在微信中新增了微信公众平台模块。紧接着一批明星和媒体开始进驻微信公众平台，并开设自己的微信公众账号，吸引了大批粉丝的关注。之后微信陆续开放了第三方接口、自定义菜单等，此时众多以微信开发为主的第三方初创企业陆续诞生，导致微信第三方管理软件（如微盟、点点客）多如牛毛。2013 年 8 月 5 日，微信 5.0 版本上线，将微信公众号分为订阅号、服务号和企业号。2013 年 10 月 29 日，微信推出全新的微信认证并为认证后的服务号提供更加强大的 9 大高级接口，服务号也开始具备服务企业、管理用户的能力。与此同时，微信对服务号寄予了厚望。随着越来越多的企业开设了自己的微信服务号，微信公众平台的开发者便成为社会迫切需要的人才。

2. 微信公众平台的发展趋势及未来前景

从注册量来说，微信公众平台自 2014 年 8 月发布至今，数量已达千万量级，并以每天 1.5 万个的速度增长着。未来，微信公众平台将渗透到各行各业。

从类型来说，能够满足用户个性化定制咨询信息以及自身所需服务的微信公众平台，未来也会慢慢趋于饱和。

从推广来说，微信公众平台整合在微信 App 内，有着天然的推广优势。微信公众平台提供了推广渠道以及个性化的分享接口等，相比于 App，推广容易且成本小。

1.1.2 微信公众平台的特性、类型、基础功能

1. 微信公众平台的特性

微信公众平台之所以火热，最主要的原因就是微信公众平台拥有 5 个天然的特性。

- 跨平台性。微信公众平台整合在微信 App 内，所以只要用户安装了微信 App，无论用的是安

卓还是 IOS 系统，都可以使用微信公众平台。

- 轻量化。相比于 App 客户端，公众平台更加轻量化，无需下载，可谓“用之即来、挥之即去”，几乎不占用手机本身的存储空间；同时公众平台还可移植 App 的功能，且开发成本和开发难度更低。
- 互动性强。微信公众平台诞生于微信同时也继承了微信强大的优势，即互动性。微信公众平台本身就是一个社交平台，用户可以与公众平台进行一对一的实时沟通互动。
- 便于传播。基于微信的熟人网络，微信公众平台的内容分享方式更加简单，传播时效性更强。
- 支持多种开发语言。微信公众平台开发是基于动态脚本语言，如 PHP、JSP 等，因而任意一种该类型的语言都可以开发微信公众平台。

2. 微信公众平台的类型

当前的微信公众平台有 3 种主要类型，分别为订阅号、服务号、企业号。其功能特点具体如下。

- 订阅号。个人、企业、组织都可以申请，但个人订阅号暂时不支持微信认证，同时功能也较少；订阅号注重信息传播，每天可以群发 1 条信息；订阅号消息折叠在“订阅号”文件中，适用于媒体类。
- 服务号。企业和组织可以申请，个人暂时无法申请；服务号注重满足用户的需求、服务，是企业管理用户的平台，每个月每个用户可以接收到群发信息 4 条；服务号信息显示在好友对话列表中，适用于银行、通信运营商、快递服务业等。
- 企业号。企业和组织可以申请，个人不允许申请；企业号用于企业内沟通以及企业间合作，群发次数不限制；企业号信息显示在好友对话列表中，适用于企业内部或企业合作。

本书重点讲解微信公众平台个性化的功能开发，是基于服务号认证的平台。关于订阅号与企业号大家简单了解一下即可，以下章节不再提及相关内容。

3. 微信公众平台的基础功能

- 用户对话（订阅号、服务号），如图 1-1 所示。
- 自定义菜单[订阅号（功能受限）、服务号]，如图 1-2 所示。

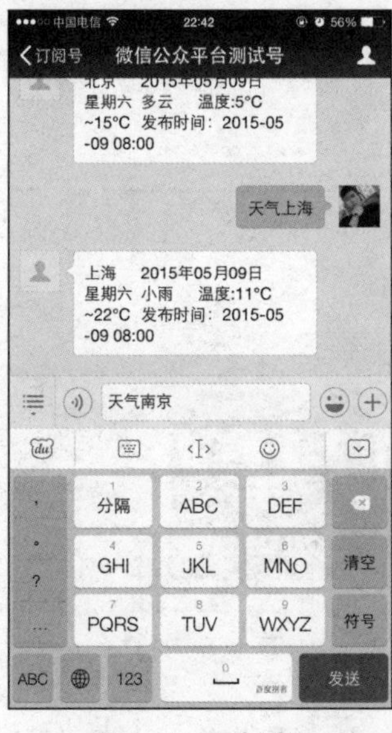

图 1-1 用户对话

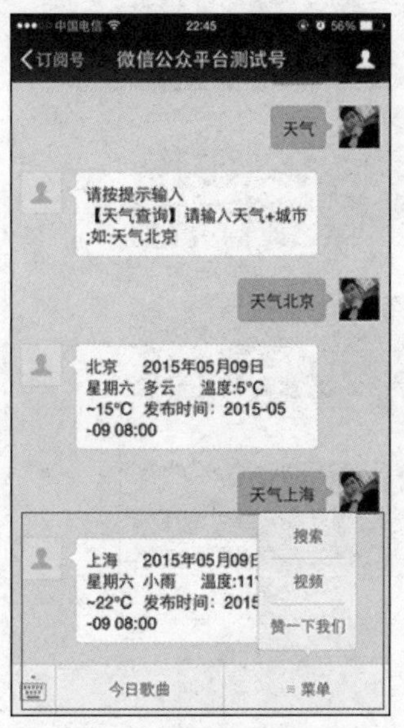

图 1-2 自定义菜单

- 客服功能[原多客服（认证订阅号、认证服务号）]，如图 1-3 所示。

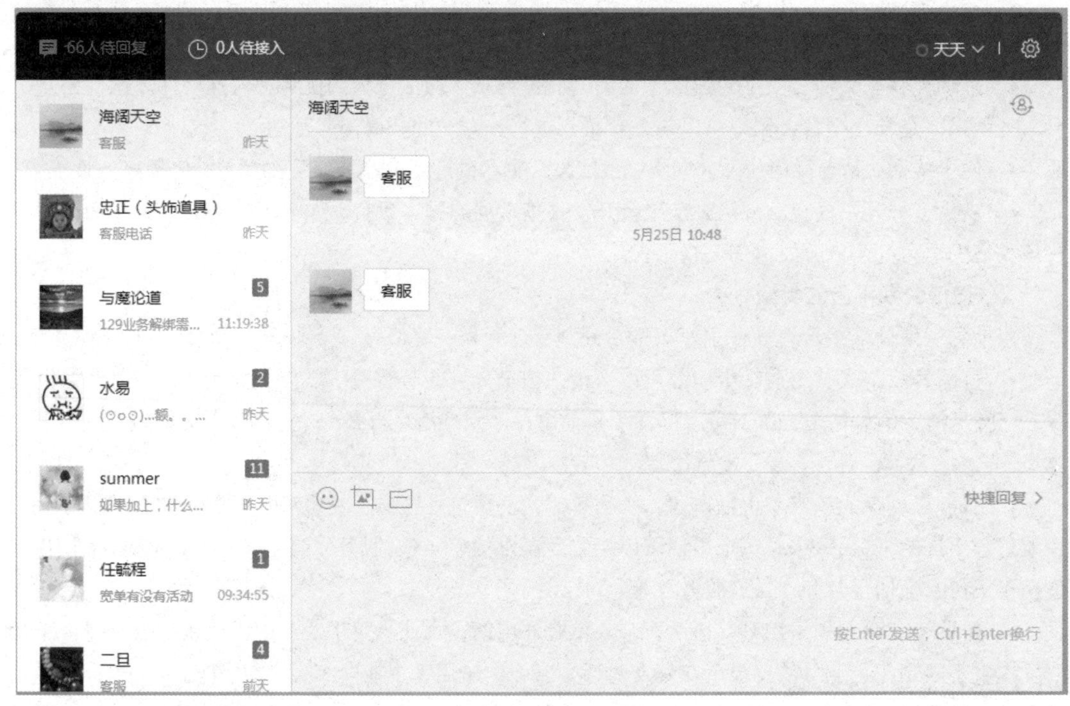

图 1-3　客服功能

- 卡券功能（认证订阅号、认证服务号），如图 1-4 所示。
- 推广（认证订阅号、认证服务号），如图 1-5 所示。

图 1-4　卡券功能

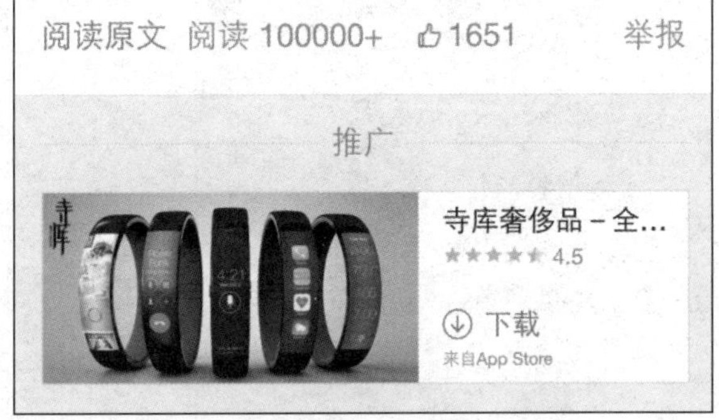

图 1-5　推广

- 统计（用户、图文、接口、消息的分析）（服务号、订阅号），如图 1-6 所示。

- 微信小店（开通微信支付的服务号），如图 1-7 所示。
- 微信支付（认证服务号，目前开放部分订阅号的申请），如图 1-8 所示。

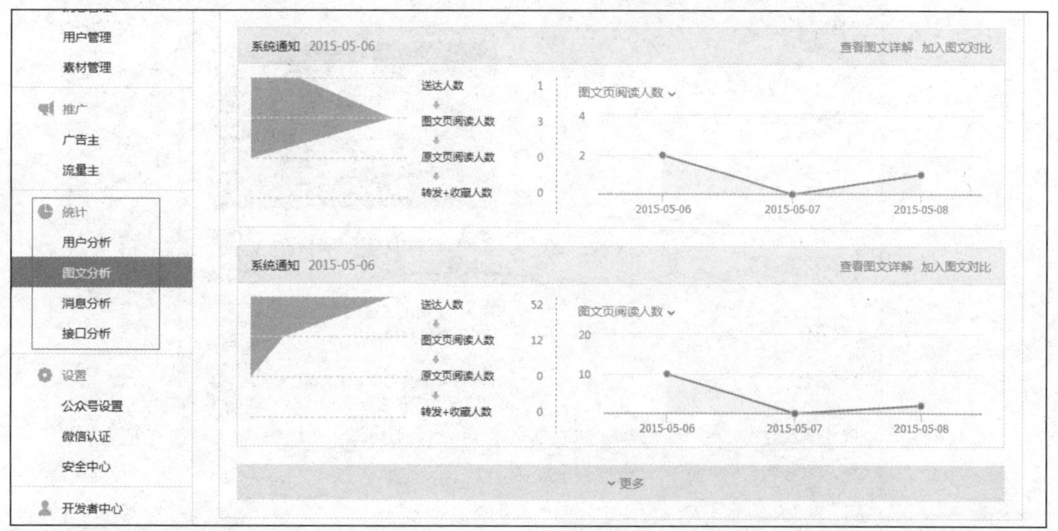

图 1-6 统计

图 1-7 微信小店

图 1-8 微信支付

4. 微信公众平台的经典案例展示

- 央视新闻订阅号。中央电视台新闻中心官方公众账号，负责央视新闻频道、综合频道、中文国际频道的资讯及新闻性专栏节目以及英语、西班牙语、法语等频道的采制、编播，如图 1-9 所示。

图 1-9　央视新闻订阅号

• 招行信用卡服务号。持卡人可快捷查询信用卡账单、额度及积分；快速还款、申请账单分期；微信转接人工服务；信用卡消费、微信免费笔笔提醒。如果不是持卡人，可以通过微信办卡，如图 1-10 所示。

图 1-10　招行信用卡服务号

• 华为运动健康服务号。荣耀手环不仅可以进行步数统计、卡路里计算、自动睡眠监测、久坐提醒，更可以通过微信读取手环运动数据，与好友一起刷运动排行榜，如图 1-11 所示。

图 1-11　华为运动健康服务号

1.2　开发所需知识及软件

下面介绍微信开发需要掌握、了解一些相关知识，以便为将来的工作奠定一个良好的基础。

极客学院
jikexueyuan.com
极客学院在线视频学习网址：
http://www.jikexueyuan.com/course/1323_2.html
手机扫描二维码
开发环境搭建及准备工作

1. 微信公众平台开发所需知识

- 动态脚本语言。如 PHP、JSP、C#等，任意一种都可以，但需要有一定的开发经验。
- HTML、DIV+CSS。HTML 是超文本标记语言，指页面内可以包含图片、链接，甚至音乐、程序等非文字元素；DIV+CSS 为 WEB 设计标准，是一种网页的布局方法。网页设计基本上都是用这两种技术组合而成的。这两种技能有一定基础即可。
- JavaScript、AJAX。JavaScript 是网页前端动态语言；AJAX 是一种创建交互式网页应用的网页开发技术。这两种技能同样要有一定的基础。
- HTML5、XML。HTML5 是超文本标记语言（HTML）的第五次重大修改；XML 是可扩展标记语言，标准通用标记语言的子集，是一种用于标记电子文件使其具有结构性的标记语言。这两种技能了解即可。

2. 微信公众平台开发所需软件

- 本地开发环境。程序运行的环境，根据自身使用的开发语言决定，如 PHP，推荐集成 PHP 运行环境 WAMP（即 Windows、Apache、MySQL、PHP）；如果操作系统是 MAC 应下载 MAMP；如果是 LINUX 应下载 LAMP。
- 编辑器。编写代码的软件，如 Sublime Text、Eclipse PHP Studio、Zend Studio。这些编辑器任意一种都可以，根据使用习惯选择即可。
- FTP。本地与服务器之间传输文件的软件，常用的有 FlashFXP、8UFTP 等，任选一种即可。
- 微信 Web 开发者工具。微信开发调试的工具，可以大大提高调试速度。
- 在线接口调试工具。帮助开发者检测调用微信公众平台开发者 API 时发送的请求参数是否正确，提交信息后可获得服务器验证结果。

以上技能知识与软件都可以通过互联网学习下载。本书案例所使用的开发语言为 PHP，所以下面涉及的相关内容全部以 PHP 为前提进行讲解。

1.3 本地与服务器运行环境搭建

微信程序需要一个本地运行环境以便自己开发，开发好的程序需要发布到正式环境才可以和微信对接。

1.3.1 本地 PHP 环境搭建

1. 下载 WAMP

通过 WAMP 官网或者百度下载，WAMP 官网地址为：http://www.wampserver.com/#download-wrapper，单击对应版本下载即可。本书下载 WAMP SERVER(32 BITS & PHP 5.5)2.5 版本，如图 1-12 所示。

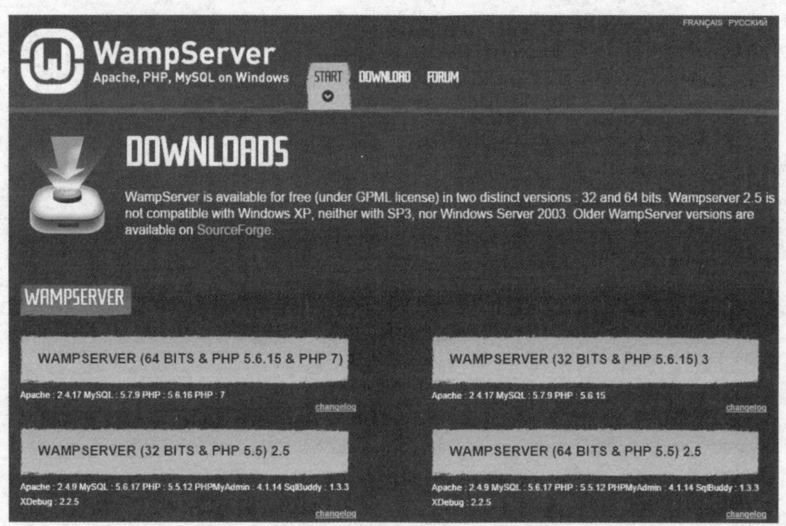

图 1-12 WAMP 官网下载界面

2. 完成安装

双击运行，根据提示安装完成即可。

1.3.2 服务器种类介绍与新浪 SAE 服务器搭建

1. 服务器种类介绍

（1）云主机（自己托管于 IDC 机房的服务器或者第三方服务商提供）。

（2）虚拟空间（第三方服务商将一台服务器分成多个虚拟主机）。

（3）新浪 SAE、百度 BAE（也是云主机，可在一定限度内免费使用，但有条件限制，学习测试可用）。

2. 新浪 SAE 介绍及搭建

（1）新浪 SAE 介绍。新浪 SAE 是国内主流的云计算平台，每个用户可免费注册并赠送云豆；利用这些云豆可创建网站等应用，用户访问和使用其资源也会消耗云豆，使用完则需要购买。对于学习及测试的用户来说，新浪 SAE 是一个比较好的选择。

（2）创建一个 SAE 应用。新浪 SAE 的链接地址为：http://www.sinacloud.com/sae.html，如图 1-13 所示。

单击右上角“注册账号”按钮，进入图 1-14 所示界面。

如果已有新浪微博账号，可以直接登录。如果没有，则单击“注册新的微博账号”按钮进入图 1-15 所示界面。

图 1-13　新浪 SAE 首页

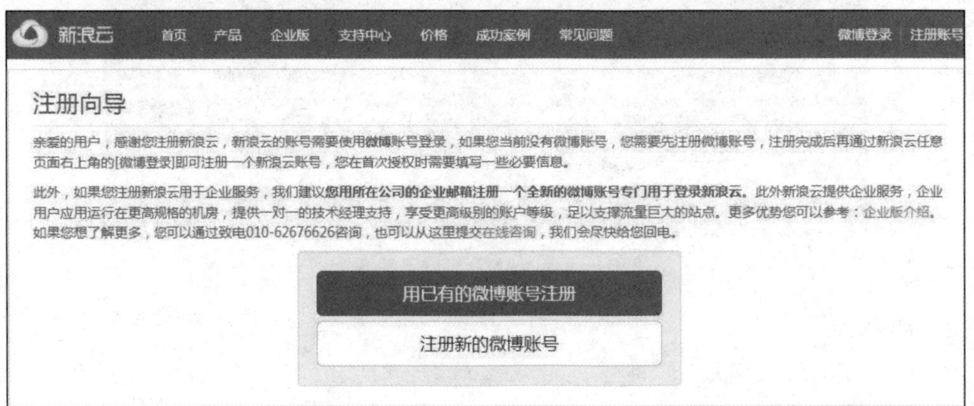

图 1-14　注册向导

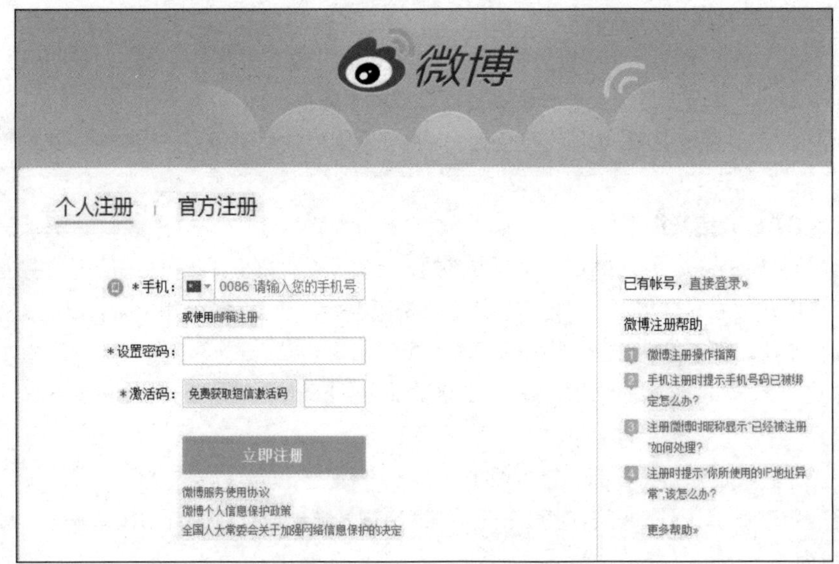

图 1-15　新浪注册界面

注册成功之后，登录新浪 SAE，进行详细资料的填写，包括绑定手机号、安全邮箱、安全密码等。单击“下一步”按钮，进入个人中心，如图 1-16 所示。

图 1-16　新浪 SAE 个人中心界面

进入 SAE 个人中心之后，首先应该进行实名认证，如图 1-17 所示。在微信接入开发者模式时，用到的服务器地址如果是新浪 SAE 的，就必须进行实名认证，否则会验证失败。

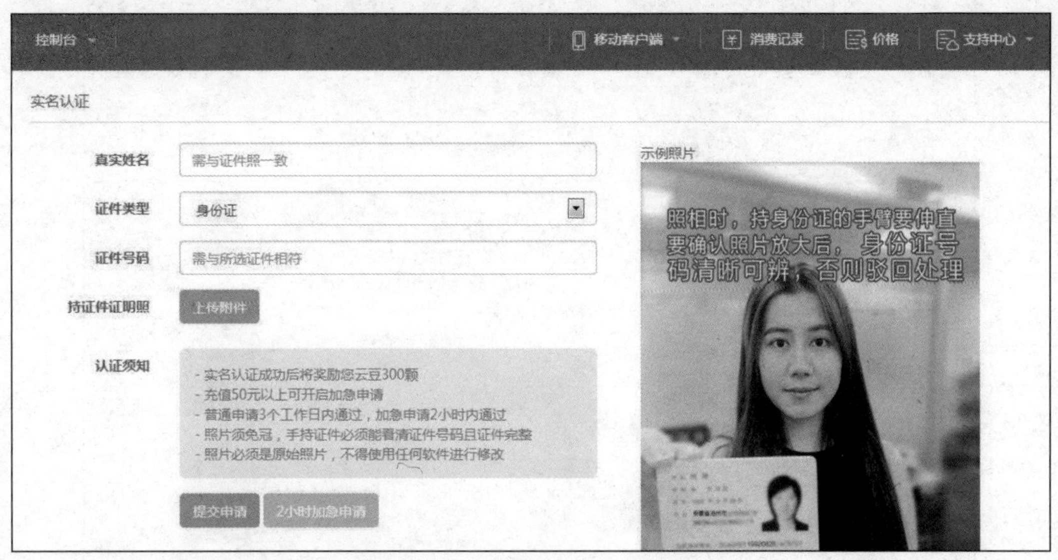

图 1-17　新浪 SAE 实名认证界面

完成实名认证后，进入控制台。单击“创建新应用”按钮，新建一个应用，如图 1-18 所示。

此时填写二级域名，应用名称，应用描述，选择 PHP 版本、空模板，如图 1-19 所示。

创建成功之后，选择代码管理方式，可选择免费的 SVN 模式，如图 1-20 所示。

进入后选择左侧的“应用”→“代码管理”选项，单击“创建版本”按钮，输入任意数字，提交即可，如图 1-21 所示。

创建成功后，出现图 1-22 所示界面。单击链接 http://1.jikexueyuan2016a.applinzi.com/，打开新页面，出现 Hello，SAE。至此，新浪 SAE 云主机创建成功。

图 1-18　新浪 SAE 控制台

图 1-19　新浪 SAE 创建新应用

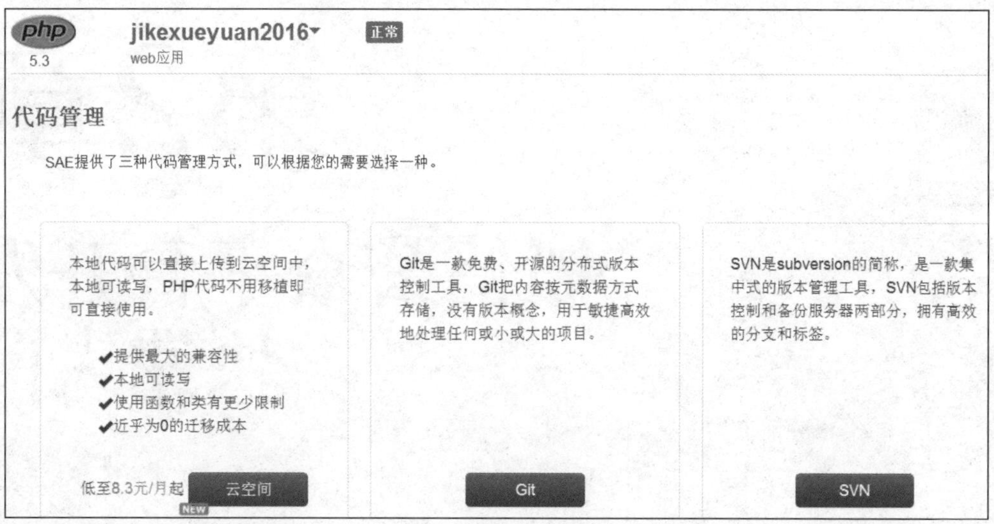

图 1-20　应用代码管理方式

图 1-21　应用创建版本

图 1-22　版本创建成功

本章主要讲解了微信开发前的一些知识和准备工作，尽管简单却非常重要。服务器主要介绍了免费的 SAE，如有私人的服务器或者虚拟主机，可根据自身需求选择使用。

PART 02

第2章 微信公众平台开发快速入门

重点知识：

- 微信公众平台实现Hello World程序
- 关注事件及各类型消息接收、响应
- 开发者模式下自定义菜单操作
- 开发者模式下实现客服功能

■ 运营微信公众平台，首先要具备相应的功能。那么，如何实现这些功能呢？本章将讲解微信公众平台开发快速入门的知识，包括微信公众平台开发模式下的 Hello World 程序、关注事件、自定义回复、自定义菜单的操作以及客服功能的应用。掌握了本章知识，即可实现需求简单的微信功能以及调试微信网页的工具，同时也可为后面学习微信接口奠定基础。

2.1 微信公众平台实现 Hello World 程序

本节会讲到微信公众平台运营模式中两种模式的优缺点，并开启开发者模式、实现 Hello World 程序。作为微信公众平台开发的第一步，本节内容简单却非常重要。

极客学院
jikexueyuan.com

极客学院在线视频学习网址：
http://www.jikexueyuan.com/course/1578_1.html
手机扫描二维码

接入开发者模式并实现 Hello World 程序

2.1.1 开启微信开发者模式

1. 微信公众平台的两种模式

（1）编辑模式。

优点：

- 上手容易，不需要学习代码知识。
- 无须服务器作支撑。

缺点：

- 功能单一且必须符合要求，无法实现个性化的需求（如单击菜单回复的图文，单击无法直接外链）。
- 无法与自身网站或 App 对接。
- 扩展功能有限，不能在平台内调用第三方接口（API）实现个性化功能（如天气、快递、LBS 地理位置的查询）。
- 编辑模式无法使用微信很多的高级接口（如带参数二维码，无法根据不同二维码进行不同的操作）。

（2）开发者模式。

优点：

- 可调用第三方接口实现各种各样的功能（如天气、快递、LBS 地理位置查询）。
- 可在平台获取用户 Openid（非常重要的一个参数，是用户针对本平台的唯一标识码，可用来实现微信绑定、用户验证、活动限制等更丰富、更强大的个性化功能）。
- 更加开放、自由，可随心所欲地策划微信活动并实现流程，没有限制。

缺点：

- 需要有开发基础。
- 需要服务器做支撑。

微信公众平台“编辑模式”与“开发者模式”无法同时开启。要想真正运营好一个微信平台，尤其是服务号，就应该使用开发者模式，这样才可以满足企业对服务号的需求。

2. 数据传输原理

开发者模式下，用户在微信公众号活动（单击菜单、发送关键字等），相应的操作数据会发送到微信服务器。微信服务器会将该数据发送给微信公众号的接入服务器，接入服务器接收到数据后做出对应的响应信息并返回给微信服务器，再返回给用户。这个过程就是用户与公众号交互数据传输流程，如图 2-1 所示。

图 2-1　用户与公众号交互数据传输流程

3. 开启微信开发者模式操作步骤

（1）下载接口文件并简单修改。

登录微信公众平台，单击左侧下方开发栏目里的“开发者工具”菜单，如图 2-2 所示。

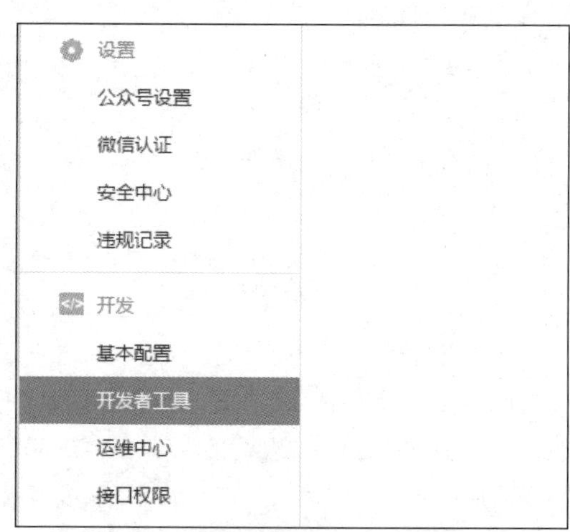

图 2-2　下载微信接口文件步骤 1

单击“开发者文档”按钮，进入图 2-3 所示界面。

单击“开始开发”→“接入指南”，进入“接入指南”界面并将页面拉到最下方，如图 2-4 所示。

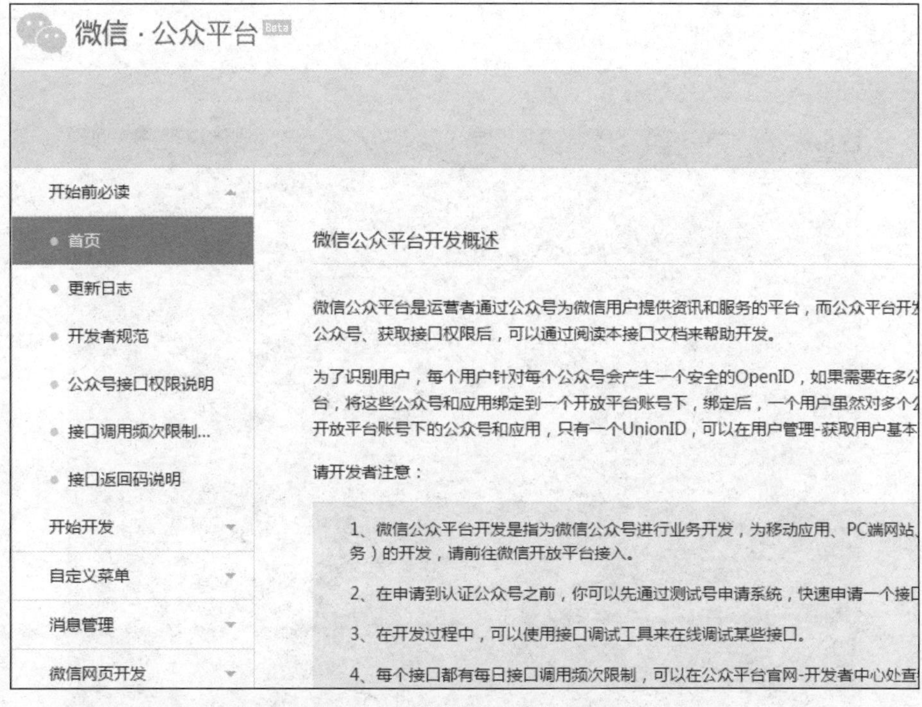

图 2-3　下载微信接口文件步骤 2

}

}

PHP示例代码下载：下载

第三步：依据接口文档实现业务逻辑

验证URL有效性成功后即接入生效，成为开发者。你可以在公众平台网站中申请微信认证，认证成功后，将获得更多接口权限，满足更多业务需求。

成为开发者后，用户每次向公众号发送消息、或者产生自定义菜单、或产生微信支付订单等情况时，开发者填写的服务器配置URL将得到微信服务器推送过来的消息和事件，开发者可以依据自身业务逻辑进行响应，如回复消息。

公众号调用各接口时，一般会获得正确的结果，具体结果可见对应接口的说明。返回错误时，可根据返回码来查询错误原因。全局返回码说明

用户向公众号发送消息时，公众号方收到的消息发送者是一个OpenID，是使用用户微信号加密后的结果，每个用户对每个公众号有一个唯一的OpenID。

此外，由于开发者经常有需在多个平台（移动应用、网站、公众帐号）之间共通用户帐号，统一帐号体系的需求，微信开放平台（open.weixin.qq.com）提供了UnionID机制。开发者可通过OpenID来获取用户基本信息，而如果开发者拥有多个应用（移动应用、网站应用和公众帐号，公众帐号只有在被绑定到微信开放平台帐号下后，才会获取UnionID），可通过获取用户基本信息中的UnionID来区分用户的唯一性，因为只要是同一个微信开放平台帐号下的移动应用、网站应用和公众帐号，用户的UnionID是唯一的。换句话说，同一用户，对同一个微信

图 2-4　下载微信接口文件步骤 3

单击“下载”按钮，完成后打开该文件，显示的便是微信公众平台接口文件代码，如图 2-5 所示。

对接口文件代码$wechatObj→valid()进行修改，如下所示。

```
if($_GET["echostr"])
{
    $wechatObj→valid();
}else
```

```
{
    $wechatObj→responseMsg();
}
```

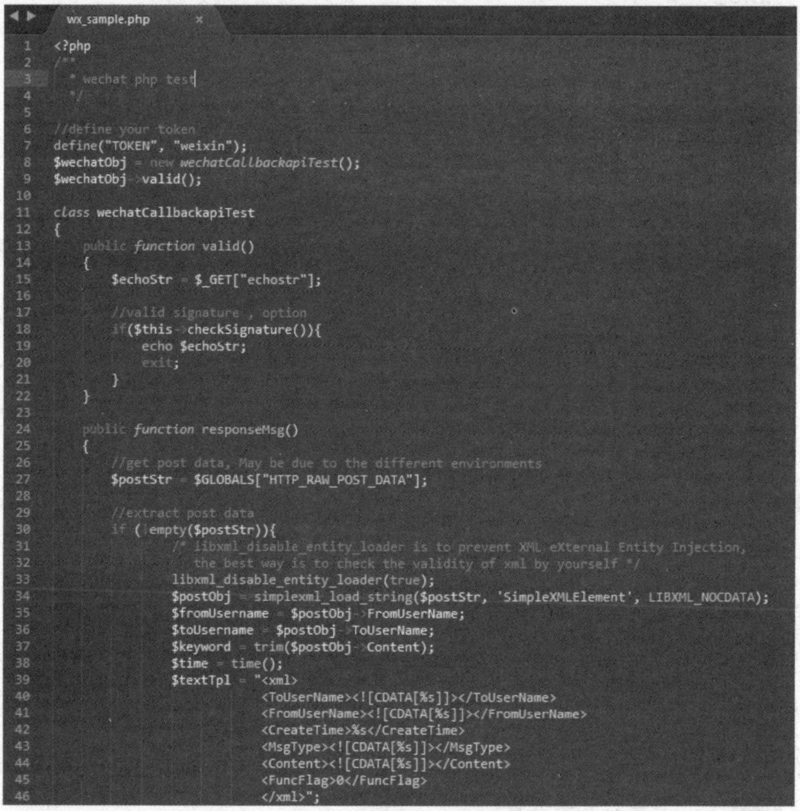

图 2-5　下载微信接口文件步骤 4

结果如图 2-6 所示。

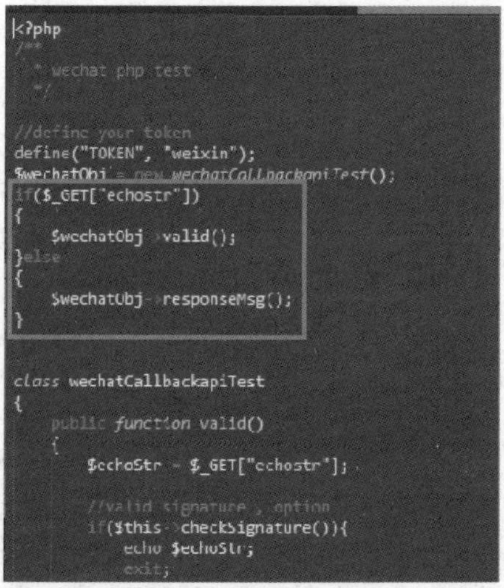

图 2-6　简单修改微信接口文件

选择 ZIP 格式压缩接口文件，登录新浪 SAE，进入控制台并将该接口文件上传至服务器，如图 2-7～图 2-9 所示。

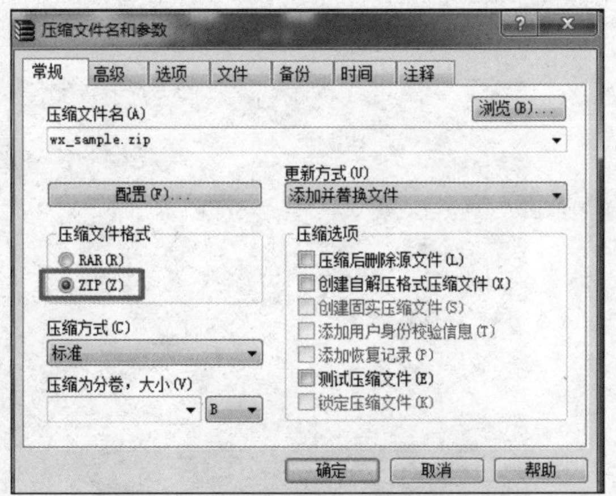

图 2-7　选择 ZIP 格式压缩接口文件

图 2-8　SAE 控制台代码管理界面

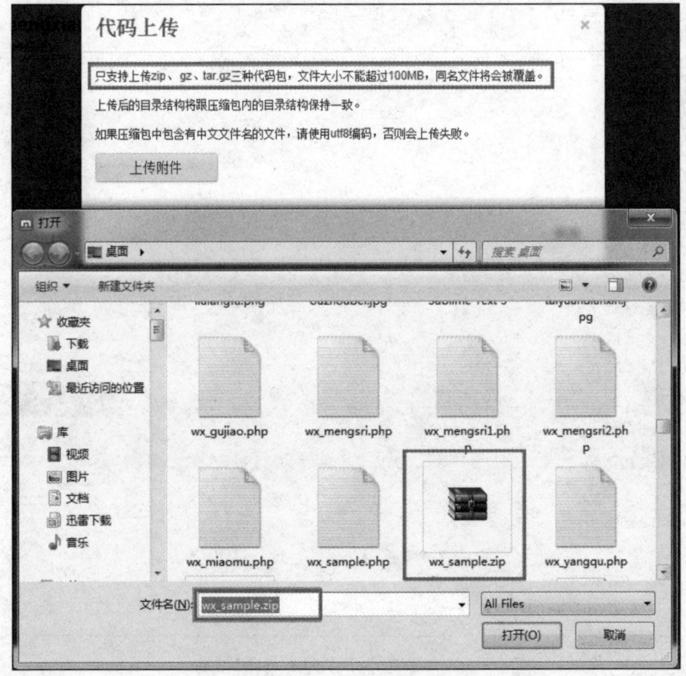

图 2-9　SAE 上传代码包

接着可单击“编辑代码”按钮，查看文件是否上传成功，如图 2-10 所示。

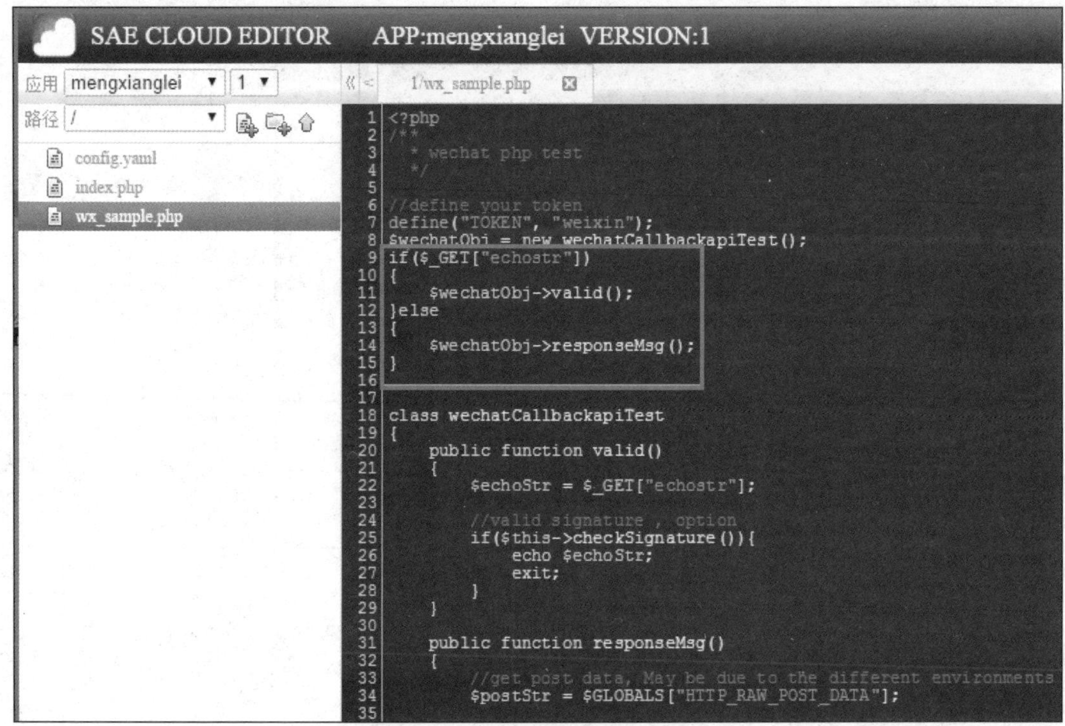
SAE CLOUD EDITOR APP:mengxianglei VERSION:1
应用 mengxianglei 1
路径 /
config.yaml
index.php
wx_sample.php
1/wx_sample.php
<?php
/**
 * wechat php test
 */
//define your token
define("TOKEN", "weixin");
$wechatObj = new wechatCallbackapiTest();
if($_GET["echostr"])
{
    $wechatObj->valid();
}else
{
    $wechatObj->responseMsg();
}
class wechatCallbackapiTest
{
    public function valid()
    {
        $echoStr = $_GET["echostr"];
        //valid signature , option
        if($this->checkSignature()){
            echo $echoStr;
            exit;
        }
    }
    public function responseMsg()
    {
        //get post data, May be due to the different environments
        $postStr = $GLOBALS["HTTP_RAW_POST_DATA"];

图 2-10　SAE 编辑代码界面

（2）在微信公众平台后台填写接口文件地址。

登录微信公众平台，单击左侧下方开发栏目里的“基本配置”菜单，出现图 2-11 所示界面。

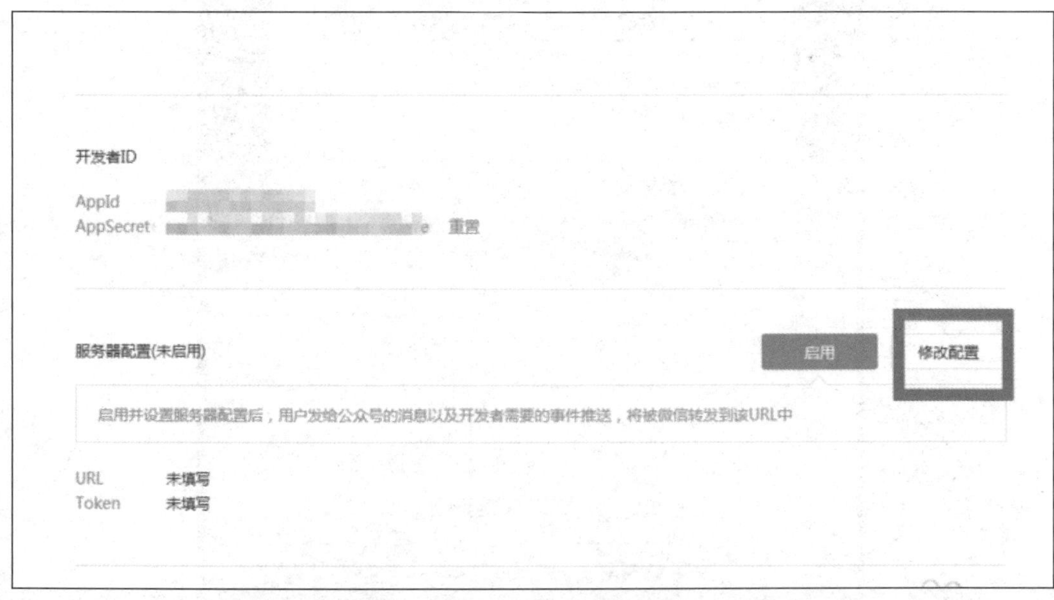
开发者ID
AppId
AppSecret
重置
服务器配置(未启用)
启用
修改配置
启用并设置服务器配置后，用户发给公众号的消息以及开发者需要的事件推送，将被微信转发到该URL中
URL 未填写
Token 未填写

图 2-11　微信公众平台基本配置界面

单击“修改配置”按钮，填写 URL、Token。URL 为 SAE 应用的访问域名+接口文件名，例如域名为 http://www.mengxianglei.com，接口文件名为 wx_sample.php 并位于根目录，那么 URL 即填写 http://www.mengxianglei.com/wx_sample.php。访问域名在 SAE 控制台里查看并可复制，如图 2-12 所示。

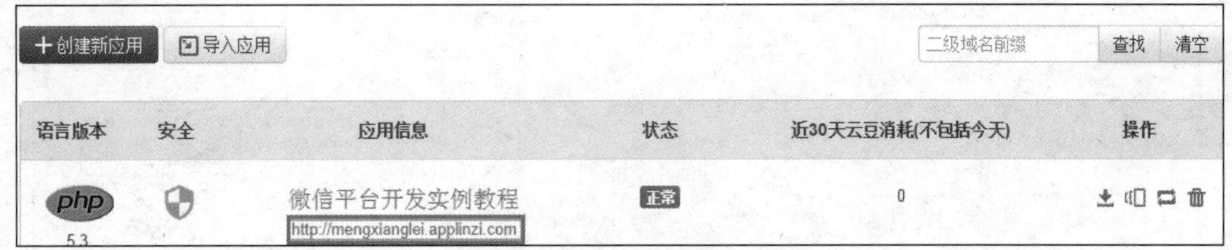

图 2-12　SAE 控制台

选择消息加密方式与 EncodingAESKey，EncodingAESKey 为消息加密解密所用，单击随机生成即可。消息加密方式这里暂时选择“明文模式”，之后进行提交，如图 2-13 所示。注意 SAE 账户要先进行实名认证，否则无法验证成功。

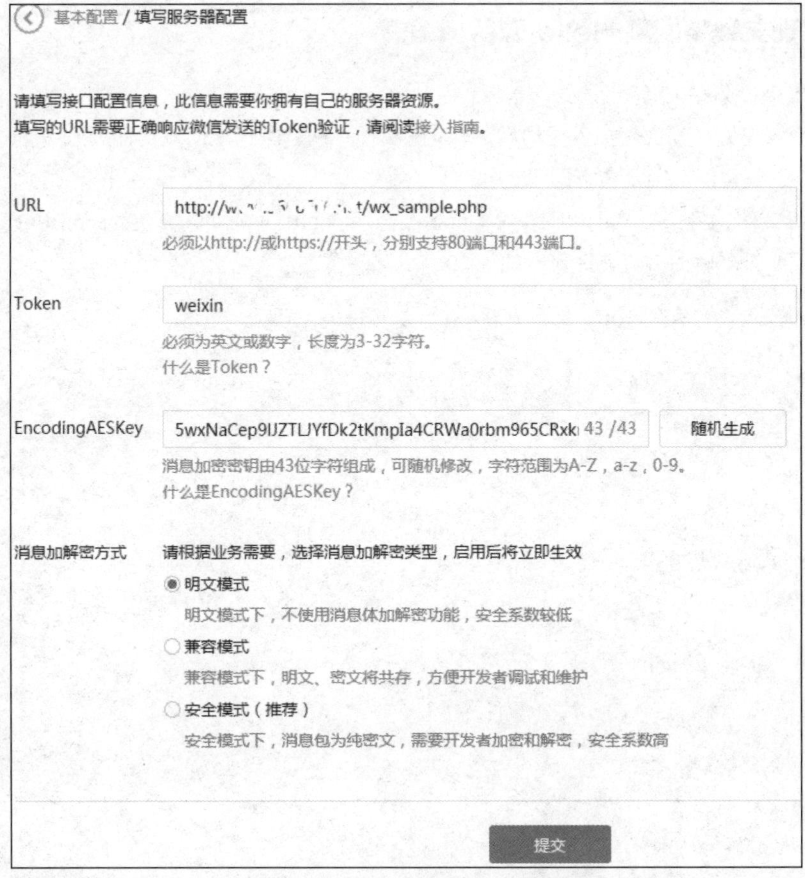

图 2-13　微信公众平台接入配置界面

（3）验证服务器地址的有效性。

提交后会提示配置成功，单击基本配置界面中的“启用”按钮，如图 2-14 所示。至此，微信公众号就正式开启了开发者模式。

图 2-14 单击“启用”按钮开启开发者模式

2.1.2 实现关键字回复 Hello World 程序

（1）修改接口文件关键字回复。

微信公众号官方接口文件接入成功后，本身就实现了任意关键字回复功能，所以发送关键字回复“Hello World”只需修改回复内容即可。

打开接口文件，将$contentStr = "Welcome to wechat world!";更换为$contentStr = "Hello World!";即可。修改后的接口文件代码如下。

```
<?php
/**
  * wechat php test
  */

//define your token
define("TOKEN", "weixin");
$wechatObj = new wechatCallbackapiTest();
if($_GET["echostr"])
{
    $wechatObj→valid();
}else
{
    $wechatObj→responseMsg();
}
class wechatCallbackapiTest
{
    public function valid()
    {
          $echoStr = $_GET["echostr"];
```

```
        //valid signature , option
        if($this→checkSignature()){
         echo $echoStr;
         exit;
        }
    }

    public function responseMsg()
    {
         //get post data, May be due to the different environments
         $postStr = $GLOBALS["HTTP_RAW_POST_DATA"];
         //extract post data
         if (!empty($postStr)){
                /* libxml_disable_entity_loader is to prevent XML eXternal Entity Injection,
                the best way is to check the validity of xml by yourself */
                libxml_disable_entity_loader(true);
                $postObj=simplexml_load_string($postStr,'SimpleXMLElement', LIBXML_NOCDATA);
                $fromUsername = $postObj→FromUserName;
                $toUsername = $postObj→ToUserName;
                $keyword = trim($postObj→Content);
                $time = time();
                $textTpl = "<xml>
                      <ToUserName><![CDATA[%s]]></ToUserName>
                      <FromUserName><![CDATA[%s]]></FromUserName>
                      <CreateTime>%s</CreateTime>
                      <MsgType><![CDATA[%s]]></MsgType>
                      <Content><![CDATA[%s]]></Content>
                      <FuncFlag>0</FuncFlag>
                      </xml>";
                if(!empty( $keyword ))
                 {
                    $msgType = "text";
                    $contentStr = "Hello World";
                    $resultStr  =  sprintf($textTpl,  $fromUsername,  $toUsername,  $time,  $msgType,
$contentStr);
                    echo $resultStr;
                 }else{
                    echo "Input something...";
                 }

         }else {
           echo "";
           exit;
         }
```

```
    }
    private function checkSignature()
    {
        // you must define TOKEN by yourself
        if (!defined("TOKEN")) {
            throw new Exception('TOKEN is not defined!');
        }

        $signature = $_GET["signature"];
        $timestamp = $_GET["timestamp"];
        $nonce = $_GET["nonce"];

        $token = TOKEN;
        $tmpArr = array($token, $timestamp, $nonce);
        // use SORT_STRING rule
        sort($tmpArr, SORT_STRING);
        $tmpStr = implode( $tmpArr );
        $tmpStr = sha1( $tmpStr );

        if( $tmpStr == $signature ){
            return true;
        }else{
            return false;
        }
    }
}
?>
```

✧ 此处重点解析。

```
$textTpl = "<xml>
    <ToUserName><![CDATA[%s]]></ToUserName>
    <FromUserName><![CDATA[%s]]></FromUserName>
    <CreateTime>%s</CreateTime>
    <MsgType><![CDATA[%s]]></MsgType>
    <Content><![CDATA[%s]]></Content>
    <FuncFlag>0</FuncFlag>
    </xml>";
if(!empty( $keyword ))
    {
        $msgType = "text";
        $contentStr = "Hello World";
        $resultStr = sprintf($textTpl, $fromUsername, $toUsername, $time, $msgType, $contentStr);
        echo $resultStr;
    }
```

$textTpl 变量为回复用户信息的 xml。

$resultStr = sprintf($textTpl, $fromUsername, $toUsername, $time, $msgType, $contentStr);

Sprintf()第一个参数载入变量为$textTpl，后面每个参数替换变量$textTpl 中的每个%s，且逐一替换。也就是说，sprintf()内的第二个参数$fromUsername 则是替换<ToUserName><![CDATA[%s]]></ToUserName>中的%s，第三个参数替换<FromUserName><![CDATA[%s]]> </FromUserName>中的%s，这样将需要替换的参数全部替换后，会将一个完整的 xml 返回给微信服务器，微信服务器再将信息返回给用户。

（2）重新上传接口文件到服务器或直接在 SAE 中修改接口文件。

修改后的 SAE 服务器中的接口文件，如图 2-15 所示。

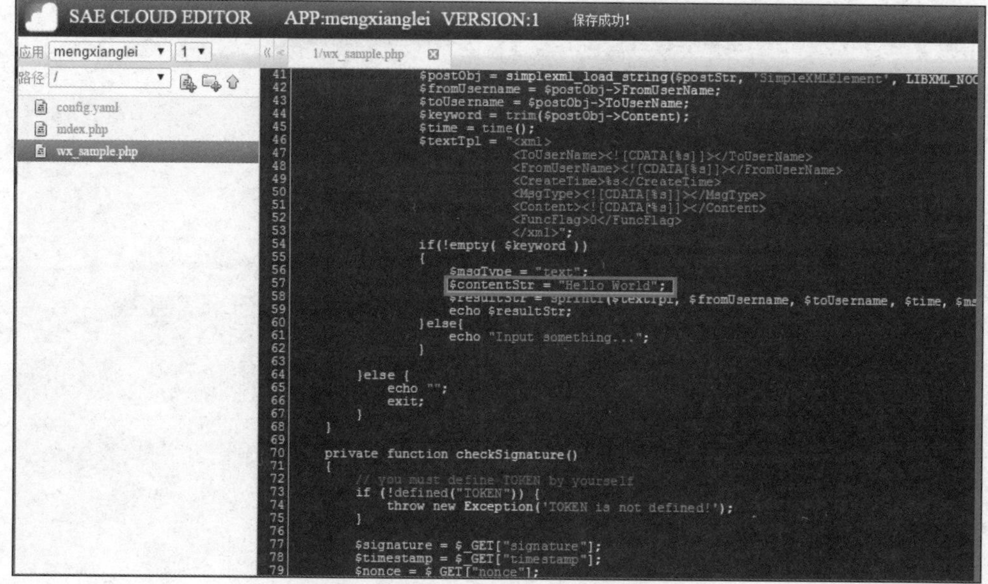

图 2-15　SAE 中修改后的接口文件代码

（3）微信客户端测试。

打开微信进入该公众号，随意发送关键字查看效果，如图 2-16 所示。

图 2-16　打开公众号发送关键字

本节内容虽然简单但非常重要，可以说是微信开发中最基本的知识点。因此一定要自身完成操作，通过修改代码接入开启开发者模式实现 Hello World 回复功能，以便为后续学习微信开发做好铺垫。

2.2 关注事件及各类型消息接收、响应

关注公众号后，平台一般都会自动推送一条消息，有的是一条图文，有的是一段文字，这个就是微信公众号的关注事件。用户发送关键字后，平台根据该关键字回复用户对应的图文或者链接，这个就是自定义关键字回复。若用户发送一张图片，平台该如何判断？本节将对各类型消息接收、响应做出详解。

极客学院
jikexueyuan.com

极客学院在线视频学习网址：
http://www.jikexueyuan.com/course/1578_2.html
手机扫描二维码

关注事件及各类型消息接收、响应

2.2.1 关注事件与自定义回复图文消息

实现关注事件并将关注事件的回复设定为一条图文，可通过三步完成。

1. 了解关注事件 xml 的参数，获取 Event 参数

用户在关注与取消关注公众号时，微信会把这个事件以 xml 的格式推送到开发者填写的 URL。xml 示例如下。

```
<xml>
<ToUserName><![CDATA[toUser]]></ToUserName>
<FromUserName><![CDATA[FromUser]]></FromUserName>
<CreateTime>123456789</CreateTime>
<MsgType><![CDATA[event]]></MsgType>
<Event><![CDATA[subscribe]]></Event>
</xml>
```

调用参数说明，如表 2-1 所示。

表 2-1 微信公众平台关注事件参数说明

参数	描述
ToUserName	开发者微信号
FromUserName	发送方账号（一个 OpenID）

续表

参数	描述
CreateTime	消息创建时间 （整型）
MsgType	消息类型，event
Event	事件类型，subscribe(订阅)、unsubscribe(取消订阅)

该 xml 为微信推送给 URL 的 xml，除 Event 参数需要单独获取外，其他参数了解即可。

修改接口文件，获取 Event 参数，获取方法为$Event = $postObj→Event;。修改后，此部分代码如图 2-17 所示。

```
public function responseMsg()
{
    //get post data, May be due to the different environments
    $postStr = $GLOBALS["HTTP_RAW_POST_DATA"];

    //extract post data
    if (!empty($postStr)){
            /* libxml_disable_entity_loader is to prevent XML eXternal Entity Injection,
               the best way is to check the validity of xml by yourself */
            libxml_disable_entity_loader(true);
            $postObj = simplexml_load_string($postStr, 'SimpleXMLElement', LIBXML_NOCDATA);
            $fromUsername = $postObj->FromUserName;
            $toUsername = $postObj->ToUserName;
            $keyword = trim($postObj->Content);
            $Event = trim($postObj->Event);
            $time = time();
            $textTpl = "<xml>
                        <ToUserName><![CDATA[%s]]></ToUserName>
                        <FromUserName><![CDATA[%s]]></FromUserName>
                        <CreateTime>%s</CreateTime>
                        <MsgType><![CDATA[%s]]></MsgType>
                        <Content><![CDATA[%s]]></Content>
                        <FuncFlag>0</FuncFlag>
                        </xml>";
            if(!empty( $keyword ))
            {
```

图 2-17　获取微信事件推送部分代码

2. 微信被动回复方法

在微信用户和公众号产生交互的过程中，用户的某些操作会使得微信服务器通过事件推送的形式通知到接入服务器，从而使开发者可以获取到该信息。其中，某些事件推送在发生后，是允许开发者回复用户的。关注事件即属于允许回复用户的事件，回复的内容也是 xml 格式，示例如下。

```
<xml>
<ToUserName><![CDATA[toUser]]></ToUserName>
<FromUserName><![CDATA[fromUser]]></FromUserName>
<CreateTime>12345678</CreateTime>
<MsgType><![CDATA[news]]></MsgType>
<ArticleCount>2</ArticleCount>
<Articles>
<item>
```

```
<Title><![CDATA[title1]]></Title>
<Description><![CDATA[description1]]></Description>
<PicUrl><![CDATA[picurl]]></PicUrl>
<Url><![CDATA[url]]></Url>
</item>
<item>
<Title><![CDATA[title]]></Title>
<Description><![CDATA[description]]></Description>
<PicUrl><![CDATA[picurl]]></PicUrl>
<Url><![CDATA[url]]></Url>
</item>
</Articles>
</xml>
```

参数说明如表 2-2 所示。

表 2-2　微信公众平台被动回复用户图文消息参数说明

参数	是否必需	说明
ToUserName	是	接收方账号（收到的 OpenID）
FromUserName	是	开发者微信号
CreateTime	是	消息创建时间（整型）
MsgType	是	news
ArticleCount	是	图文消息个数，限制为 10 条以内
Articles	是	多条图文消息，默认第一个 item 为大图。注意，如果图文数超过 10，则会无响应
Title	否	图文消息标题
Description	否	图文消息描述
PicUrl	否	图片链接，支持 JPG、PNG 格式，较好的效果为大图 360×200、小图 200×200
Url	否	单击图文消息跳转链接

在 xml 中，每个<item></item>为一条图文，有几个<item></item>就代表有几条图文。被动回复图文时，只需替换该 xml 中的每个参数并将该 xml 回复给用户即可。

回复用户 xml 数据的代码如下。

```
$resultStr = sprintf($textTpl, $fromUsername, $toUsername, $time);
echo $resultStr;
```

注意，每个参数对应表 2-2 中的参数说明。

3．关注事件并回复图文代码逻辑

获取了 Event 事件参数后，只需判断是关注事件，并将回复图文的 xml 与回复用户的代码放入即可。修改后的代码如图 2-18 所示。

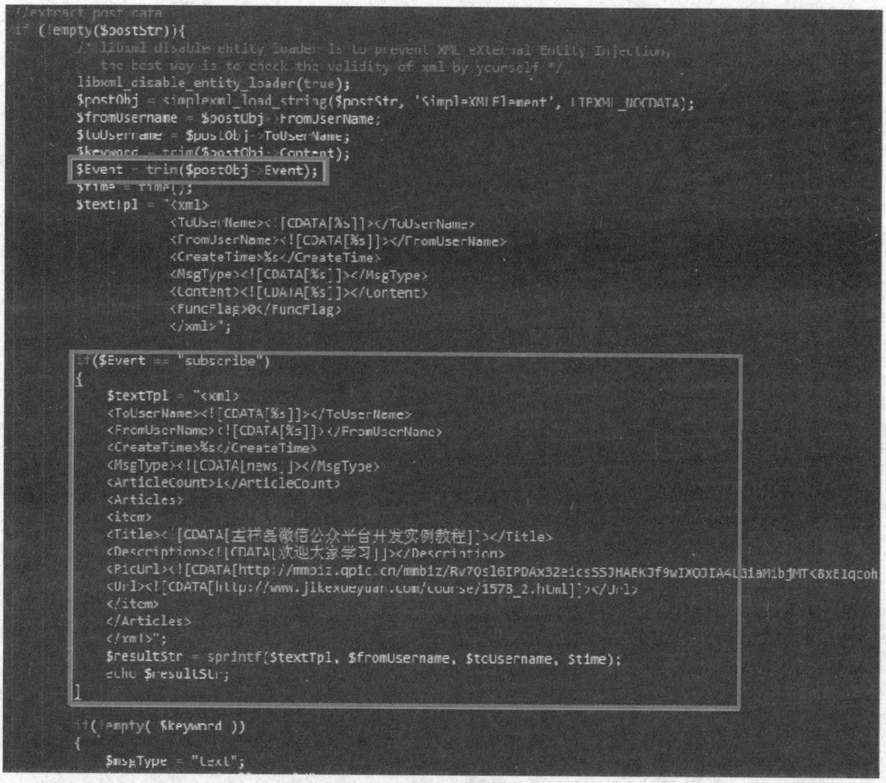

```
//extract post data
if (!empty($postStr)){
    /* libxml_disable_entity_loader is to prevent XML eXternal Entity Injection,
       the best way is to check the validity of xml by yourself */
    libxml_disable_entity_loader(true);
    $postObj = simplexml_load_string($postStr, 'SimpleXMLElement', LIBXML_NOCDATA);
    $fromUsername = $postObj->FromUserName;
    $toUsername = $postObj->ToUserName;
    $keyword = trim($postObj->Content);
    $Event = trim($postObj->Event);
    $time = time();
    $textTpl = "<xml>
                <ToUserName><![CDATA[%s]]></ToUserName>
                <FromUserName><![CDATA[%s]]></FromUserName>
                <CreateTime>%s</CreateTime>
                <MsgType><![CDATA[%s]]></MsgType>
                <Content><![CDATA[%s]]></Content>
                <FuncFlag>0</FuncFlag>
                </xml>";

    if($Event == "subscribe")
    {
        $textTpl = "<xml>
        <ToUserName><![CDATA[%s]]></ToUserName>
        <FromUserName><![CDATA[%s]]></FromUserName>
        <CreateTime>%s</CreateTime>
        <MsgType><![CDATA[news]]></MsgType>
        <ArticleCount>1</ArticleCount>
        <Articles>
        <item>
        <Title><![CDATA[去梓尧微信公众平台开发实例教程]]></Title>
        <Description><![CDATA[欢迎大家学习]]></Description>
        <PicUrl><![CDATA[http://mmbiz.qpic.cn/mmbiz/Rv70sl6IPDAx32eicsSSJHAEKJf9wIXOJIA4LGiaMibjMT<8xElqcoh
        <Url><![CDATA[http://www.jikexueyuan.com/course/1578_2.html]]></Url>
        </item>
        </Articles>
        </xml>";
        $resultStr = sprintf($textTpl, $fromUsername, $toUsername, $time);
        echo $resultStr;
    }

    if(!empty( $keyword ))
    {
        $msgType = "text";
```

图 2-18　微信关注事件并回复图文消息

实现关注事件并将关注事件的回复设定为一条图文的接口文件如下。

```
<?php
/**
* wechat php test
*/

//define your token
define("TOKEN", "weixin");
$wechatObj = new wechatCallbackapiTest();
if($_GET["echostr"])
{
    $wechatObj→valid();
}else
{
    $wechatObj→responseMsg();
}
class wechatCallbackapiTest
{
    public function valid()
    {
        $echoStr = $_GET["echostr"];
```

```
        //valid signature , option
        if($this→checkSignature()){
         echo $echoStr;
         exit;
        }
    }

    public function responseMsg()
    {
         //get post data, May be due to the different environments
         $postStr = $GLOBALS["HTTP_RAW_POST_DATA"];
     //extract post data
         if (!empty($postStr)){
            /* libxml_disable_entity_loader is to prevent XML eXternal Entity Injection,
            the best way is to check the validity of xml by yourself */
            libxml_disable_entity_loader(true);
            $postOb=simplexml_load_string($postStr,'SimpleXMLElement',LIBXML_NOCDATA);
            $fromUsername = $postObj→FromUserName;
            $toUsername = $postObj→ToUserName;
            $keyword = trim($postObj→Content);
            $Event = trim($postObj→Event);
            $time = time();
            $textTpl = "<xml>
                                  <ToUserName><![CDATA[%s]]></ToUserName>
                                  <FromUserName><![CDATA[%s]]></FromUserName>
                                  <CreateTime>%s</CreateTime>
                                  <MsgType><![CDATA[%s]]></MsgType>
                                  <Content><![CDATA[%s]]></Content>
                                  <FuncFlag>0</FuncFlag>
                                  </xml>";

              if($Event == "subscribe")
              {
                   $textTpl = "<xml>
                   <ToUserName><![CDATA[%s]]></ToUserName>
                   <FromUserName><![CDATA[%s]]></FromUserName>
                   <CreateTime>%s</CreateTime>
                   <MsgType><![CDATA[news]]></MsgType>
                   <ArticleCount>1</ArticleCount>
                   <Articles>
                   <item>
                   <Title><![CDATA[孟祥磊微信公众平台开发实例教程]]></Title>
                   <Description><![CDATA[欢迎大家学习]]></Description>
<PicUrl><![CDATA[http://mmbiz.qpic.cn/mmbiz/Rv7Qsl6IPDAx32eicsSSJHABKJf9wIXQJIA4LGiaMibjMTK8x
```

```
E1qcoh1FqFnES26NVRroomFOXlrJDA3X4gCCMvaA/640?wx_fmt=jpeg&tp=webp&wxfrom=5]]></PicUrl>
                    <Url><![CDATA[http://www.jikexueyuan.com/course/1578_2.html]]></Url>
                    </item>
                    </Articles>
                    </xml>";
                    $resultStr = sprintf($textTpl, $fromUsername, $toUsername, $time);
                    echo $resultStr;
                }

            if(!empty( $keyword ))
                {
                  $msgType = "text";
                  $contentStr = "Hello World";
                  $resultStr = sprintf($textTpl, $fromUsername, $toUsername, $time, $msgType, $contentStr);
                  echo $resultStr;
                }else{
                  echo "Input something...";
                }

        }else {
          echo "";
          exit;
        }
    }
    private function checkSignature()
    {
        // you must define TOKEN by yourself
        if (!defined("TOKEN")) {
            throw new Exception('TOKEN is not defined!');
        }

        $signature = $_GET["signature"];
        $timestamp = $_GET["timestamp"];
        $nonce = $_GET["nonce"];

         $token = TOKEN;
         $tmpArr = array($token, $timestamp, $nonce);
         // use SORT_STRING rule
         sort($tmpArr, SORT_STRING);
         $tmpStr = implode( $tmpArr );
         $tmpStr = sha1( $tmpStr );

         if( $tmpStr == $signature ){
             return true;
         }else{
```

```
            return false;
        }
    }
}
?>
```

2.2.2 关键字被动回复用户文字消息

微信在回复用户消息时，图片、语音、视频、音乐类型的消息都需要提前使用素材管理接口上传素材到微信服务器。此接口为高级接口，所以本节只描述最常用的回复文字与图文的方法。

1. 了解文字类型消息的 xml 参数

```
<xml>
<ToUserName><![CDATA[toUser]]></ToUserName>
<FromUserName><![CDATA[fromUser]]></FromUserName>
<CreateTime>12345678</CreateTime>
<MsgType><![CDATA[text]]></MsgType>
<Content><![CDATA[你好]]></Content>
</xml>
```

参数说明，如表 2-3 所示。

表 2-3 微信公众平台关注事件参数说明

参数	是否必需	描述
ToUserName	是	接收方账号（收到的 OpenID）
FromUserName	是	开发者微信号
CreateTime	是	消息创建时间（整型）
MsgType	是	text
Content	是	回复的消息内容（换行：在 content 中能够换行，微信客户端就支持换行显示）

除常规的 ToUserName、FromUserName、CreateTime 外，MsgType 与 Content 分别代表回复的类型为 text 文本类型与具体的回复文本内容。

2. 关键字如何触发被动回复

默认的微信接口文件与实现 Hello World 时的关键字回复属于无论发送什么关键字，都回复一样的信息给用户，那么要实现发送指定关键字回复指定内容的效果，则可使用 if 语句。通过判断用户发送的关键字，提前设定好该关键字回复的信息，如发送关键词“天气”时，回复用户“您好，当前的天气为晴天”。发送其他关键字仍然回复“Hello World”这样的效果，如图 2-19 所示。

图 2-19　回复天气关键字效果

要实现这样的效果，需对接口文件中的代码进行修改，将

```
if(!empty( $keyword ))
{
   $msgType = "text";
   $contentStr = "Hello World";
   $resultStr = sprintf($textTpl, $fromUsername, $toUsername, $time, $msgType, $contentStr);
   echo $resultStr;
}
```

修改为

```
if(!empty( $keyword ))
{
    if($keyword == "天气")
    {
          $contentStr = "您好，当前的天气为晴天";
    }else
    {
          $contentStr = "Hello World";
    }

          $msgType = "text";
          $resultStr = sprintf($textTpl, $fromUsername, $toUsername, $time, $msgType, $contentStr);
          echo $resultStr;
 }
```

即可，如图 2-20 所示。

✧　代码解析

if($keyword == "天气")写在 if(!empty($keyword))的里面，指定关键词首先需要有关键词，在这个基础上再指定特定的关键词。$contentStr 为指定关键词回复的内容，所以指定不同的关键词，只需更改$contentStr 的值即可。而用 if 判断关键词不为空又等于“天气”时，将$contentStr 设定为“您好，当前的天气为晴天”；当关键词不等于“天气”时，$contentStr 仍然为“Hello World”。

```
if(!empty( $keyword ))
{
    if($keyword == "天气")
    {
        $contentStr = "您好，当前的天气为晴天";
    }else
    {
        $contentStr = "Hello World";
    }
    $msgType = "text";
    $resultStr = sprintf($textTpl, $fromUsername, $toUsername, $time, $msgType, $contentStr);
    echo $resultStr;
}else{
    echo "Input something...";
}
```

图 2-20　回复关键字天气效果代码

3. 不同关键字触发不同的回复

如设定发送关键词“时间”，回复用户“当前时间为 12 点”；设定发送关键词“天气”，回复用户“您好，当前的天气为晴天”，效果如图 2-21 所示。

图 2-21　不同关键字触发不同的回复

只需简单将接口文件代码

```
if($keyword == "天气")
{
    $contentStr = "您好，当前的天气为晴天";
 }else
 {
    $contentStr = "Hello World";
 }
```

修改为

```
if($keyword == "天气")
{
```

```
    $contentStr = "您好，当前的天气为晴天";
}else if($keyword == "时间")
{
    $contentStr = "当前时间12点";
}else
{
    $contentStr = "Hello World";
}
```

即可，如图 2-22 所示。

```
if(!empty( $keyword ))
{
    if($keyword == "天气")
    {
        $contentStr = "您好，当前的天气为晴天";
    }else if($keyword == "时间")
    {
        $contentStr = "当前时间12点";
    }else
    {
        $contentStr = "Hello World";
    }

    $msgType = "text";
    $resultStr = sprintf($textTpl, $fromUsername, $toUsername, $time, $msgType, $contentStr);
    echo $resultStr;
}else{
    echo "Input something...";
}
```

图 2-22　不同关键字触发不同回复的代码

✧　代码解析

不同关键字之间只需用 else if 来连接即可，如果有大量关键词需要设置，就可将关键词语对应回复内容存入数据库，然后通过关键词查询数据库得到对应的回复内容并赋值给$contentStr 即可。

2.2.3　接收图片信息并响应

用户发送给公众平台的信息类型很多，除常见的文字外，还包括图片、语音、视频、小视频、地理位置、链接等类型的信息。那么，如何准确地识别这些类型的信息并做出相应的响应呢？本节将以识别图片为例进行详细讲解。

识别用户发送的信息为图片信息，接收到的 xml 示例如下。

```
<xml>
 <ToUserName><![CDATA[toUser]]></ToUserName>
 <FromUserName><![CDATA[fromUser]]></FromUserName>
 <CreateTime>1348831860</CreateTime>
 <MsgType><![CDATA[image]]></MsgType>
 <PicUrl><![CDATA[this is a url]]></PicUrl>
 <MediaId><![CDATA[media_id]]></MediaId>
 <MsgId>1234567890123456</MsgId>
</xml>
```

参数说明，如表 2-4 所示。

表 2-4　用户发送图片信息 xml 参数说明

参数	描述
ToUserName	开发者微信号
FromUserName	发送方账号（一个 OpenID）
CreateTime	消息创建时间（整型）
MsgType	image
PicUrl	图片链接（由系统生成）
MediaId	图片消息媒体 id，可以调用多媒体文件下载接口拉取数据
MsgId	消息 id，64 位整型

实现识别图片信息最重要的参数就是 MsgType，当获取到该参数为 image 值时，判定用户发送了一张图片。

修改接口文件，获取 MsgType 参数，获取方法为$MsgType = $postObj→MsgType;。修改后，此部分代码如图 2-23 所示。

```
if (!empty($postStr)){
        /* libxml_disable_entity_loader is to prevent XML eXternal Entity Injection,
           the best way is to check the validity of xml by yourself */
        libxml_disable_entity_loader(true);
        $postObj = simplexml_load_string($postStr, 'SimpleXMLElement', LIBXML_NOCDATA);
        $fromUsername = $postObj->FromUserName;
        $toUsername = $postObj->ToUserName;
        $keyword = trim($postObj->Content);
        $Event = trim($postObj->Event);
        $MsgType = $postObj->MsgType;
        $time = time();
        $textTpl = "<xml>
                    <ToUserName><![CDATA[%s]]></ToUserName>
                    <FromUserName><![CDATA[%s]]></FromUserName>
                    <CreateTime>%s</CreateTime>
                    <MsgType><![CDATA[%s]]></MsgType>
                    <Content><![CDATA[%s]]></Content>
                    <FuncFlag>0</FuncFlag>
                    </xml>";
```

图 2-23　获取 MsgType 参数

判断用户发送的是图片，同样需要用 if 语句判断获取到的$MsgType 参数为“image”。具体代码如图 2-24 所示。

```
$MsgType = $postObj->MsgType;
$time = time();
$textTpl = "<xml>
            <ToUserName><![CDATA[%s]]></ToUserName>
            <FromUserName><![CDATA[%s]]></FromUserName>
            <CreateTime>%s</CreateTime>
            <MsgType><![CDATA[%s]]></MsgType>
            <Content><![CDATA[%s]]></Content>
            <FuncFlag>0</FuncFlag>
            </xml>";


if($MsgType=="image")
{

}
```

图 2-24　判断用户发送的信息为图片的代码

当用户发送图片后，会被动回复用户“你发送了一张图片”，效果如图 2-25 所示。

图 2-25　发送图片的回复

当判断用户发送的是一张图片后，将回复用户文字类型信息的代码写上并修改$contentStr 的内容即可，如图 2-26 所示。

```
$Event = trim($postObj->Event);
$MsgType = $postObj->MsgType;
$time = time();
$textTpl = "<xml>
            <ToUserName><![CDATA[%s]]></ToUserName>
            <FromUserName><![CDATA[%s]]></FromUserName>
            <CreateTime>%s</CreateTime>
            <MsgType><![CDATA[%s]]></MsgType>
            <Content><![CDATA[%s]]></Content>
            <FuncFlag>0</FuncFlag>
            </xml>";


if($MsgType=="image")
{
    $msgType = "text";
    $contentStr="你发送了一张图片";
    $resultStr = sprintf($textTpl, $fromUsername, $toUsername, $time, $msgType, $contentStr);
    echo $resultStr;
}
```

图 2-26　发送图片回复文字的代码

这样在微信公众平台开发模式下，就实现了关注事件并回复图文信息、不同关键字回复不同文字信息与判断用户发送图片信息，并回复用户文字信息功能。整体代码如下。

```
<?php
/**
 * wechat php test
 */

//define your token
define("TOKEN", "weixin");
$wechatObj = new wechatCallbackapiTest();
if($_GET["echostr"])
```

```
{
    $wechatObj→valid();
}else
{
    $wechatObj→responseMsg();
}
class wechatCallbackapiTest
{
      public function valid()
      {
          $echoStr = $_GET["echostr"];

          //valid signature , option
          if($this→checkSignature()){
           echo $echoStr;
           exit;
          }
    }

    public function responseMsg()
    {
          //get post data, May be due to the different environments
          $postStr = $GLOBALS["HTTP_RAW_POST_DATA"];

           //extract post data
          if (!empty($postStr)){
                  /* libxml_disable_entity_loader is to prevent XML eXternal Entity Injection,
                     the best way is to check the validity of xml by yourself */
                  libxml_disable_entity_loader(true);
                     $postObj = simplexml_load_string($postStr, 'SimpleXMLElement', LIBXML_NOCDATA);
                  $fromUsername = $postObj→FromUserName;
                  $toUsername = $postObj→ToUserName;
                  $keyword = trim($postObj→Content);
                  $Event = trim($postObj→Event);
                  $MsgType   =   $postObj→MsgType;
                  $time = time();
                  $textTpl = "<xml>
                                          <ToUserName><![CDATA[%s]]></ToUserName>
                                          <FromUserName><![CDATA[%s]]></FromUserName>
                                          <CreateTime>%s</CreateTime>
                                          <MsgType><![CDATA[%s]]></MsgType>
                                          <Content><![CDATA[%s]]></Content>
                                          <FuncFlag>0</FuncFlag>
                                          </xml>";
```

```
            if($MsgType=="image")
            {
                $msgType = "text";
                $contentStr="你发送了一张图片";
                $resultStr = sprintf($textTpl, $fromUsername, $toUsername, $time, $msgType, $content
Str);
                echo $resultStr;
            }



            if($Event == "subscribe")
            {
              $textTpl = "<xml>
              <ToUserName><![CDATA[%s]]></ToUserName>
              <FromUserName><![CDATA[%s]]></FromUserName>
              <CreateTime>%s</CreateTime>
              <MsgType><![CDATA[news]]></MsgType>
              <ArticleCount>1</ArticleCount>
              <Articles>
              <item>
              <Title><![CDATA[孟祥磊微信公众平台开发实例教程]]></Title>
              <Description><![CDATA[欢迎大家学习]]></Description>
<PicUrl><![CDATA[http://mmbiz.qpic.cn/mmbiz/Rv7Qsl6IPDAx32eicsSSJHABKJf9wlXQJIA4LGiaMibjMTK8x
E1qcoh1FqFnES26NVRroomFOXlrJDA3X4gCCMvaA/640?wx_fmt=jpeg&tp=webp&wxfrom=5]]></PicUrl>
              <Url><![CDATA[http://www.jikexueyuan.com/course/1578_2.html]]></Url>
              </item>
              </Articles>
              </xml>";
              $resultStr = sprintf($textTpl, $fromUsername, $toUsername, $time);
              echo $resultStr;
            }

              if(!empty( $keyword ))
              {
                  if($keyword == "天气")
                  {
                      $contentStr = "您好，当前的天气为晴天";
                  }else if($keyword == "时间")
                  {
                      $contentStr = "当前时间12点";
                  }else
```

```
                        {
                            $contentStr = "Hello World";
                        }

                            $msgType = "text";
                            $resultStr  =  sprintf($textTpl,  $fromUsername,  $toUsername,  $time,  $msgType,
$contentStr);
                        echo $resultStr;
                      }else{
                        echo "Input something...";
                      }

            }else {
              echo "";
              exit;
            }
        }
        private function checkSignature()
        {
            // you must define TOKEN by yourself
            if (!defined("TOKEN")) {
                throw new Exception('TOKEN is not defined!');
            }

            $signature = $_GET["signature"];
            $timestamp = $_GET["timestamp"];
            $nonce = $_GET["nonce"];

            $token = TOKEN;
            $tmpArr = array($token, $timestamp, $nonce);
            // use SORT_STRING rule
            sort($tmpArr, SORT_STRING);
            $tmpStr = implode( $tmpArr );
            $tmpStr = sha1( $tmpStr );

            if( $tmpStr == $signature ){
                return true;
            }else{
                return false;
            }
        }
}
?>
```

2.3 开发者模式下自定义菜单操作

自定义菜单是微信公众平台的一个重要组成部分，其出现大大增强了公众平台的可操作性，也使用户的体验得到了极大的提升，可以说是运营工作号必需的一项装备。在编辑模式下，菜单可以实现图形化操作；那么在开发者模式下，公众号的自定义菜单如何创建呢？本节将具体讲解如何在开发者模式下操作自定义菜单，并实现和编辑模式下一样甚至更简单更方便的操作。

极客学院在线视频学习网址：
http://www.jikexueyuan.com/course/1578_3.html
手机扫描二维码

开发者模式下自定义菜单操作

2.3.1 开发者模式下自定义菜单创建工具介绍

在开发者模式下，可根据公众平台菜单管理接口来操作菜单，同时也可直接使用“微信公众平台在线接口调试工具”来管理自定义菜单。虽然该工具为调试工具，但调用的接口却是一样的，且同样可以发挥正式管理自定义菜单的功能。

此工具旨在帮助开发者检测调用【微信公众平台开发者 API】时发送的请求参数是否正确，提交相关信息后可获得服务器的返回信息。如果调用存在错误，根据该信息可检测问题原因并加以修改。

登录公众平台，单击左下方开发菜单中的“开发者工具”选项，如图 2-27 所示。然后单击出现在右侧菜单中在线接口调试工具后的“进入”按钮，如图 2-28 所示，即可进入在线接口调试工具。

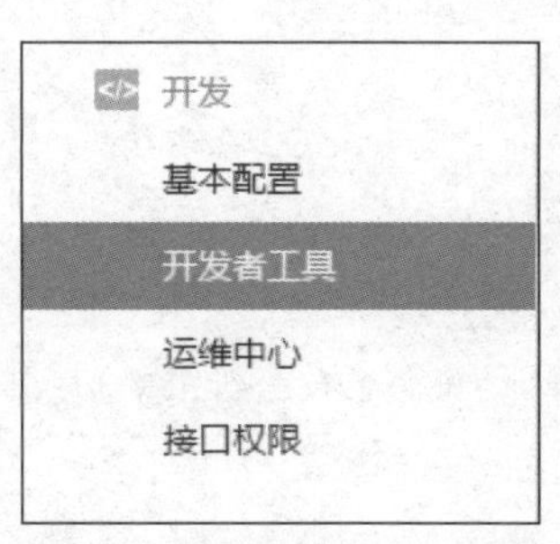

图 2-27 “开发者工具”选项

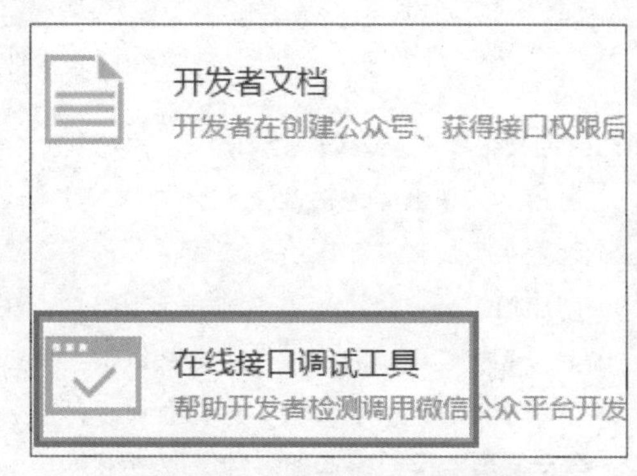

图 2-28 在线接口调试工具

进入在线接口调试工具后，选择“接口类型”下拉菜单中的“自定义菜单”，如图 2-29 所示。

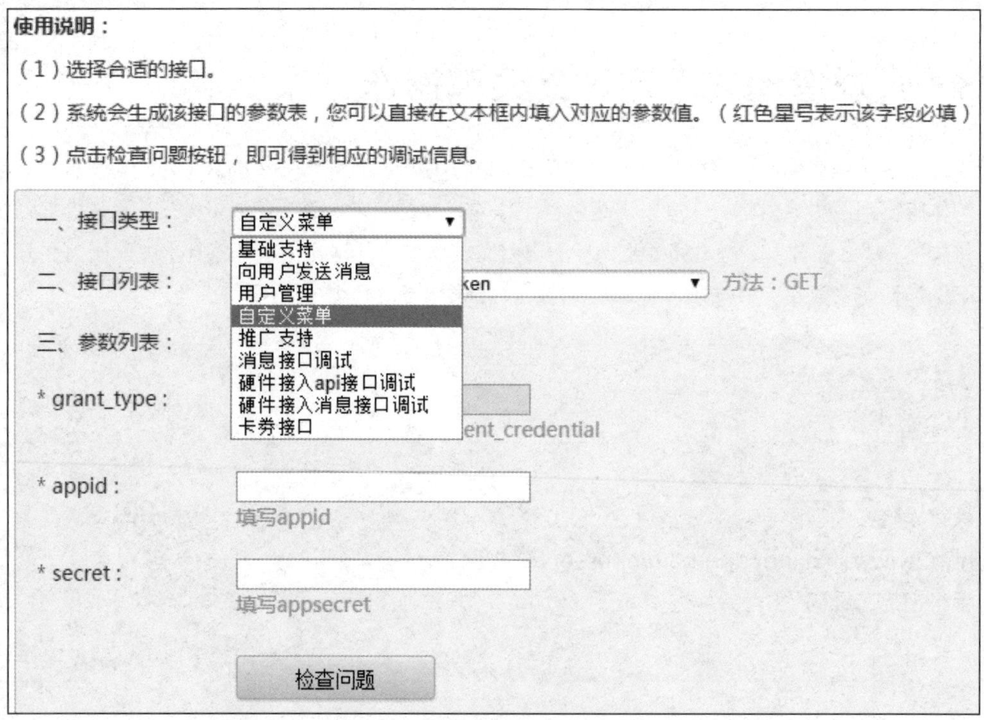

图 2-29　选择“自定义菜单”

2.3.2　自定义菜单创建

在创建自定义菜单前，先展示一下自定义菜单的效果，如图 2-30 所示。

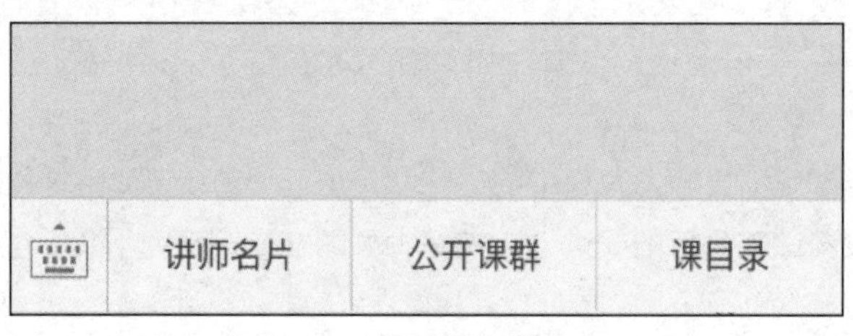

图 2-30　自定义菜单的效果

1. 自定义菜单注意事项

（1）自定义菜单最多包括 3 个一级菜单，每个一级菜单最多包括 5 个二级菜单。

（2）一级菜单最多 4 个汉字，二级菜单最多 7 个汉字，多出来的部分将会以“...”代替。

（3）创建自定义菜单后，菜单的刷新策略是：在用户进入公众号会话页或公众号 profile 页时，如果发现上一次拉取菜单的请求在 5 分钟以前，就会拉取一下菜单；如果菜单有更新，就会刷新客户端的菜单。测试时可以尝试取消关注公众号后再次关注，就能看到创建后的效果。

2. 自定义菜单接口可实现多种类型按钮

（1）click：单击推事件。用户单击 click 类型按钮后，微信服务器会通过消息接口推送消息类型为 event 的结构给开发者（参考消息接口指南），并且带上按钮中开发者填写的 key 值，开发者可以通过自定义的 key 值与用户进行交互。

（2）view：跳转 URL。用户单击 view 类型按钮后，微信客户端将会打开开发者在按钮中填写的网页 URL，可与网页授权获取用户基本信息接口结合，获得用户基本信息。

（3）scancode_push：扫码推事件。用户单击按钮后，微信客户端将调用扫一扫工具，完成扫码操作后显示扫描结果（如果是 URL，将进入 URL），且会将扫码的结果传给开发者，开发者就可以下发消息。

（4）scancode_waitmsg：扫码推事件且弹出“消息接收中”提示框用户。单击按钮后，微信客户端将调用扫一扫工具，完成扫码操作后将扫码的结果传给开发者，同时收起扫一扫工具，然后弹出“消息接收中”提示框，随后可能就会收到开发者下发的消息。

（5）pic_sysphoto：弹出系统拍照发图。用户单击按钮后，微信客户端将调用系统相机，完成拍照操作后将拍摄的照片发送给开发者，并推送事件给开发者，同时收起系统相机，随后可能会收到开发者下发的消息。

（6）pic_photo_or_album：弹出拍照或者相册发图。用户单击按钮后，微信客户端将弹出选择器供用户选择“拍照”或者“从手机相册选择”。用户选择后即走其他两种流程。

（7）pic_weixin：弹出微信相册发图器。用户单击按钮后，微信客户端将调起微信相册，完成选择操作后，将选择的相片发送给开发者的服务器，并推送事件给开发者，同时收起相册，随后可能就会收到开发者下发的消息。

（8）location_select：弹出地理位置选择器。用户单击按钮后，微信客户端将调用地理位置选择工具，完成选择操作后将选择的地理位置发送给开发者的服务器，同时收起位置选择工具，随后可能就会收到开发者下发的消息。

（9）media_id：下发消息（除文本消息）。用户单击 media_id 类型按钮后，微信服务器会将开发者填写的永久素材 id 对应的素材下发给用户，永久素材类型可以是图片、音频、视频、图文消息。请注意：永久素材 id 必须是在“素材管理/新增永久素材”接口上传后获得的合法 id。

（10）view_limited：跳转图文消息 URL。用户单击 view_limited 类型按钮后，微信客户端将打开开发者在按钮中填写的永久素材 id 对应的图文消息 URL，永久素材类型只支持图文消息。请注意：永久素材 id 必须是在“素材管理/新增永久素材”接口上传后获得的合法 id。

以上（3）~（8）的所有事件，仅支持 iPhone5.4.1 以上版本和 Android5.4 以上版本的微信用户，开发者也不能正常接收到事件推送。（9）和（10）是专门给第三方平台旗下未经微信认证（具体而言，就是就资质认证未通过）的订阅号准备的事件类型。它们是没有事件推送的，且能力相对受限，其他类型的公众号不必使用。

3. 生成 access_token 参数

自定义菜单创建需要用到 access_token 参数，该参数同样可以使用在线接口调试工具获取到。所需参数为 AppID 和 AppSecret，可在左侧导航栏的“开发→基础配置”中查看，如图 2-31 所示。

关于 access_token 的具体作用、生成及运用会在第六章讲解，本节只简述生成方法。

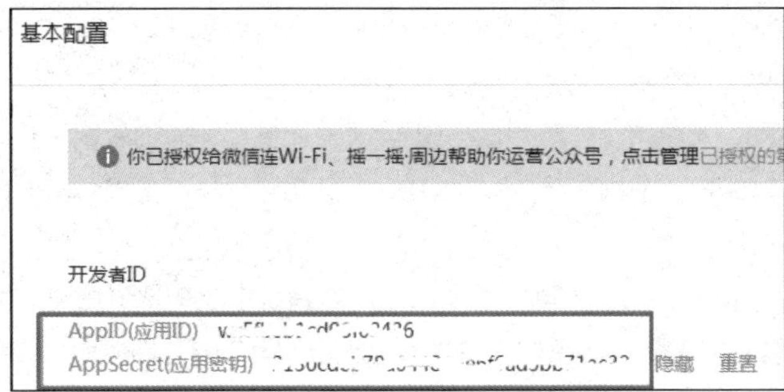

图 2-31 AppID 和 AppSecret 参数

具体生成方法如图 2-32 所示。

一、接口类型： 基础支持

二、接口列表： 获取access_token接口 /token 方法：GET

三、参数列表：

* grant_type： client_credential
获取access_token填写client_credential
校验通过

* appid： wx78478e595939c538
填写appid
校验通过

* secret： 5540e8ccab4f71dfad752f73cfb85
填写appsecret
校验通过

检查问题

基础支持: 获取access_token接口 /token

请求地址： https://api.weixin.qq.com/cgi-bin/token?grant_type=client_credential&appid=wx78478e595939c538&se
e8ccab4f71dfad752f73cfb85780

返回结果： 200 OK

```
Connection: close
Date: Fri, 22 Jul 2016 09:00:35 GMT
Content-Type: application/json; encoding=utf-8
Content-Length: 175
{
    "access_token": "c7OFhrjkLwHU3ta4QmIxjEpSJmaRKVGY60CY5ARvS_W3If2ZzEZ1n-qNoyL0PoJIqF4BN
Au73jzvSGz7S8VmOjtCuA21dABBm0mvFwC9bxjdAPSnBC-RWBzOAAWaAHAFFB",
    "expires_in": 7200
}
```

图 2-32 生成 access_token 参数

4. 创建自定义菜单数据

创建自定义菜单的另一个重要参数为菜单数据，也就是每项菜单名以及该菜单的类型，示例如下。

```
{
    "button":[
    {
        "type":"click",
        "name":"今日歌曲",
        "key":"V1001_TODAY_MUSIC"
     },
     {
         "name":"菜单",
         "sub_button":[
         {
             "type":"view",
             "name":"搜索",
             "url":"http://www.soso.com/"
         },
         {
             "type":"view",
             "name":"视频",
             "url":"http://v.qq.com/"
         },
         {
             "type":"click",
             "name":"赞一下我们",
             "key":"V1001_GOOD"
         }]
     }]
}
```

✧ 代码解析

该菜单数据以大括号"{"开始，以"}"结束。"button":[ ]内，每个大括号代表一个一级菜单，那上面的代码一级菜单为两个，分别是"今日歌曲"和"菜单"。"button":[ ]内，如果有二级菜单，设定好二级菜单名称后，需在"sub_button":[ ]中以每个大括号生成一个二级菜单，菜单中 type 参数代表该菜单类型，name 代表菜单名称，key 是 type 为"click"时使用，设置一个标识，单击可获得对应的响应，如回复图文、文字等信息（需在接口文件中设置），url 是 type 为"view"时使用，设置单击该菜单可跳转的网址。

将 access_token 与该菜单数据分别填入微信开发调试工具，单击"检查问题"按钮，如图 2-33 所示。

如出现图 2-34 所示提示，即自定义菜单创建成功。

创建的自定义菜单效果如图 2-35 所示。

创建的微信菜单本身有缓存，用户并不能马上看到。如果测试需要立即看到，可以取消后重新关注一下公众号。

图 2-33　创建自定义菜单

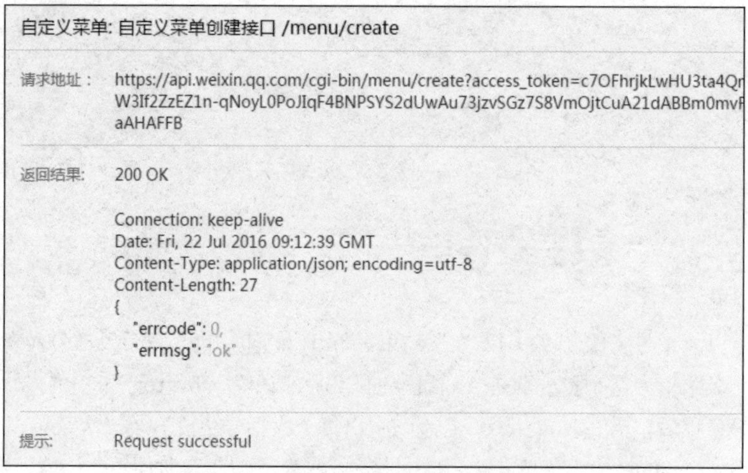

自定义菜单: 自定义菜单创建接口 /menu/create

请求地址： https://api.weixin.qq.com/cgi-bin/menu/create?access_token=c7OFhrjkLwHU3ta4Q
W3If2ZzEZ1n-qNoyL0PoJIqF4BNPSYS2dUwAu73jzvSGz7S8VmOjtCuA21dABBm0mvF
aAHAFFB

返回结果: 200 OK

Connection: keep-alive
Date: Fri, 22 Jul 2016 09:12:39 GMT
Content-Type: application/json; encoding=utf-8
Content-Length: 27

```
{
  "errcode": 0,
  "errmsg": "ok"
}
```

提示: Request successful

图 2-34　自定义菜单创建成功提示

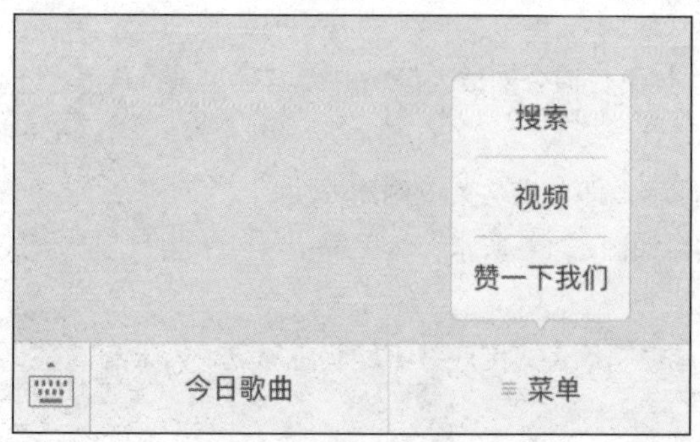

图 2-35　自定义菜单效果

2.3.3 自定义菜单查询、删除

查询与删除都非常简单，只需在接口列表中选择查询或者删除自定义菜单接口，然后填写access_token参数并单击“检查问题”按钮，即可查询或者删除菜单，如图2-36和图2-37所示。

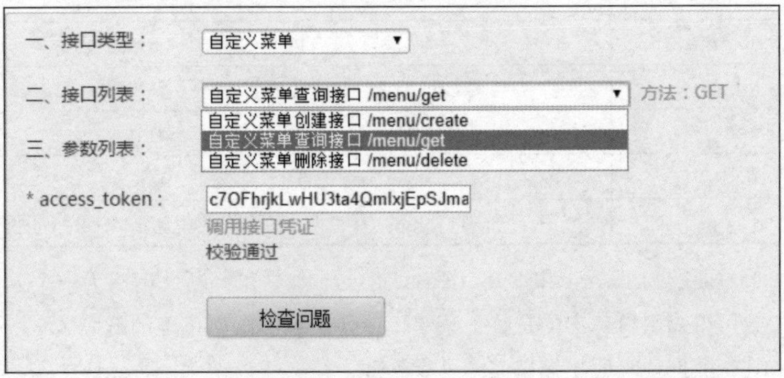

图2-36 查询自定义菜单

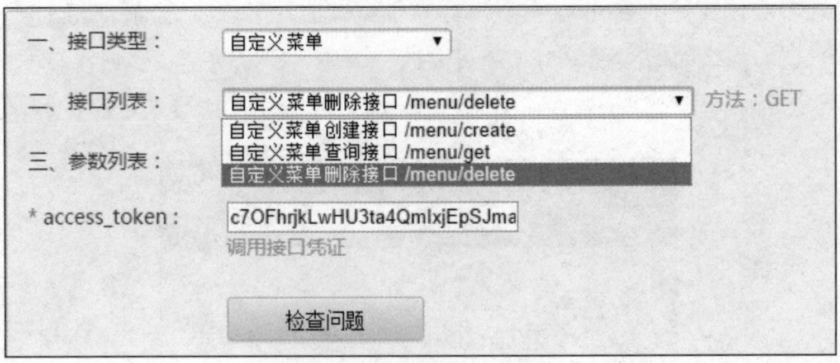

图2-37 删除自定义菜单

2.3.4 CLICK菜单事件在接口文件中响应的方式

菜单的view事件，单击后会直接跳转到指定网址中。那么click等事件则需要在接口文件中做响应，比如单击菜单回复用户一个图文、一段文字，这样的效果是在微信公众平台运营中最常使用的。本节将详细讲解如何实现这样的效果。

本书2.1.1小节已经描述了微信与公众号接入服务器数据的传输原理，用户在单击菜单后，微信服务器接收到请求就会推送给接入服务器一个xml事件，以供接入服务器进行处理。

推送事件xml如下。

```
<xml>
<ToUserName><![CDATA[toUser]]></ToUserName>
<FromUserName><![CDATA[FromUser]]></FromUserName>
<CreateTime>123456789</CreateTime>
<MsgType><![CDATA[event]]></MsgType>
<Event><![CDATA[CLICK]]></Event>
<EventKey><![CDATA[EVENTKEY]]></EventKey>
</xml>
```

参数说明，如表 2-5 所示。

表 2-5　用户发送图片信息 xml 参数说明

参数	描述
ToUserName	开发者微信号
FromUserName	发送方账号（一个 OpenID）
CreateTime	消息创建时间（整型）
MsgType	消息类型，event
Event	事件类型，click
EventKey	事件 key 值，与自定义菜单接口中 key 值对应

以上参数中最重要的为 Event 和 EventKey，Event 参数可判断此请求为一个 click 请求事件，而 EventKey 参数可得知用户单击的是哪个菜单，以便服务器做出正确的响应。

服务器接收到此数据请求后，接口文件进行处理，获取 Event 和 EventKey 参数。Event 参数已经在 2.2.1 小节中获取，并通过 if 语句判断是否为 click 事件、是否为指定的 key。

单击 2.3.2 小节中创建好的 click 类型的菜单“今日歌曲”，公众号提示“该公众号暂时无法提供服务，请稍后再试”。那么如何实现单击“今日歌曲”菜单，回复用户“今日没有歌曲”这段文字信息呢？效果如图 2-38 所示。

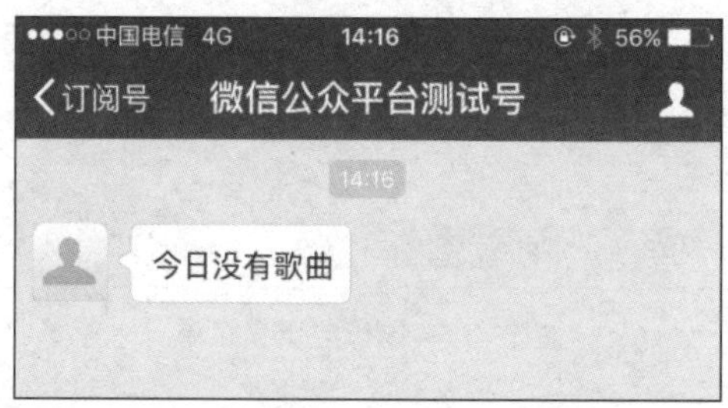

图 2-38　单击“今日歌曲”菜单效果

在此参数中，获取 EventKey 参数，并通过 if 语句判断是否为 click 事件、是否为指定的 key，代码如图 2-39 和图 2-40 所示。

```
libxml_disable_entity_loader(true);
$postObj = simplexml_load_string($postStr, 'SimpleXMLElement', LIBXML_NOCDATA);
$fromUsername = $postObj->FromUserName;
$toUsername = $postObj->ToUserName;
$keyword = trim($postObj->Content);
$Event = trim($postObj->Event);
$MsgType = $postObj->MsgType;
$EventKey = $postObj->EventKey;
$time = time();
$textTpl = "<xml>
            <ToUserName><![CDATA[%s]]></ToUserName>
            <FromUserName><![CDATA[%s]]></FromUserName>
            <CreateTime>%s</CreateTime>
            <MsgType><![CDATA[%s]]></MsgType>
            <Content><![CDATA[%s]]></Content>
            <FuncFlag>0</FuncFlag>
            </xml>";
```

图 2-39　获取 EventKey 参数

```
if($Event == "CLICK" and $EventKey == "V1001_TODAY_MUSIC")
{

}
```

图 2-40　if 判断是否单击了该菜单

单击该菜单后，回复用户“今日没有歌曲”的文字信息，只需在该 if 语句中增加回复用户文字的代码即可，如图 2-41 所示。该代码在前面章节中已多次使用，那如果要回复一个图文也是同样的方法，即复制回复图文的代码放到 if 语句，如图 2-42 所示。如果是多图文，只需增加<item></item>及里面的内容即可。

```
if($Event == "CLICK" and $EventKey == "V1001_TODAY_MUSIC")
{
    $msgType = "text";
    $contentStr="今日没有歌曲";
    $resultStr = sprintf($textTpl, $fromUsername, $toUsername, $time, $msgType, $contentStr);
    echo $resultStr;
}
```

图 2-41　单击菜单回复用户文字信息

```
if($Event == "CLICK" and $EventKey == "V1001_TODAY_MUSIC")
{
    $textTpl = "<xml>
    <ToUserName><![CDATA[%s]]></ToUserName>
    <FromUserName><![CDATA[%s]]></FromUserName>
    <CreateTime>%s</CreateTime>
    <MsgType><![CDATA[news]]></MsgType>
    <ArticleCount>1</ArticleCount>
    <Articles>
    <item>
    <Title><![CDATA[今日没有歌曲]]></Title>
    <Description><![CDATA[今日没有歌曲]]></Description>
    <PicUrl><![CDATA[图文封面图地址]]></PicUrl>
    <Url><![CDATA[点击图文跳转地址]]></Url>
    </item>
    </Articles>
    </xml>";
    $resultStr = sprintf($textTpl, $fromUsername, $toUsername, $time);
    echo $resultStr;
}
```

图 2-42　单击菜单回复用户图文信息

2.4　开发者模式下实现客服功能

客服是企业服务用户非常重要的一部分。很多企业都设有专职的客服人员，甚至很多互联网公司拥有上百位的客服人员，这都充分表明了客服的重要性，可以说他们是用户与企业之间的桥梁。公众服务号作为企业服务用户的平台，客服功能（原多客服）自然不会少，而且客服功能在经历多次升级后，也更加完善且人性化。本小节将讲解在开发模式下，如何使用户的信息发送到客服，从而实现用户与客服实时对话的功能。

极客学院在线视频学习网址：
http://www.jikexueyuan.com/course/1578_4.html
手机扫描二维码

开发者模式下实现多客服（已升级为客服功能）

2.4.1 开发者模式下客服功能介绍

公众号处于开发模式，微信粉丝向公众号发消息时，微信服务器会先将消息 POST 到开发者填写的 URL 上。如果想将该消息接入客服系统，则需要开发者在响应包中返回 MsgType 为 transfer_customer_service 的消息，微信服务器收到响应后会把当次发送的消息转发至客服系统。如果需要将消息转发至指定客服，可以在返回 transfer_customer_service 消息时，在 XML 中附上 TransInfo 信息指定分配给某个客服账号。

用户被客服接入以后，客服关闭会话以前处于会话过程中时，用户发送的消息均会被直接转发至客服系统。当会话超过 30 分钟客服没有关闭时，微信服务器会自动停止转发至客服，而将消息恢复发送至开发者填写的 URL 上。用户在等待队列中时，用户发送的消息仍然会被推送至开发者填写的 URL 上。

请注意：能转发到微信客服的只针对微信用户发来的消息，而对于其他任何事件（如菜单单击、地理位置上报等）都不应该转接，否则客服在客服系统上就会看到一些无意义的消息。

2.4.2 客服功能账号创建

登录认证后的服务号或者订阅号后，在左侧菜单栏中单击“添加功能插件”按钮，如图 2-43 所示。然后单击右侧页面“客服功能”按钮，如图 2-44 所示，开启客服功能。

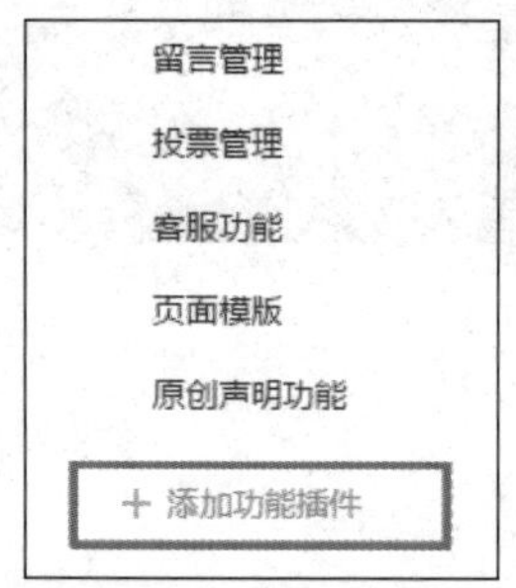

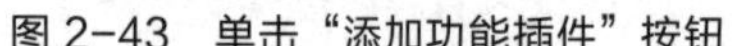

图 2-43 单击“添加功能插件”按钮

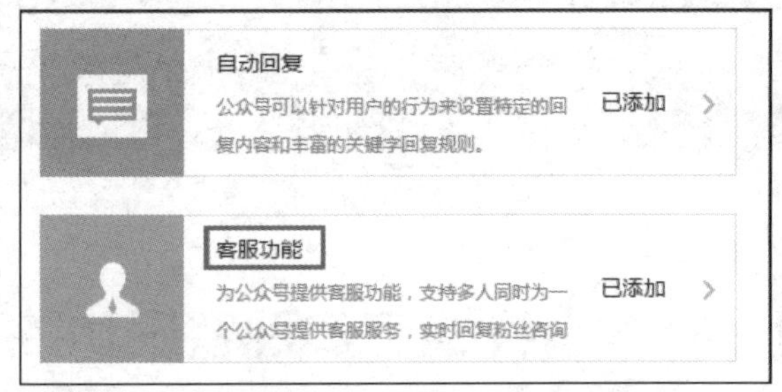

图 2-44 单击“客服功能”按钮

进入后单击“开通”按钮，如图 2-45 所示。

开通后如图 2-46 所示，“客服数据”和“客服素材”分别为客服与用户沟通的数据与客服可快捷回复用户的消息数据。

图 2-45　开通客服功能

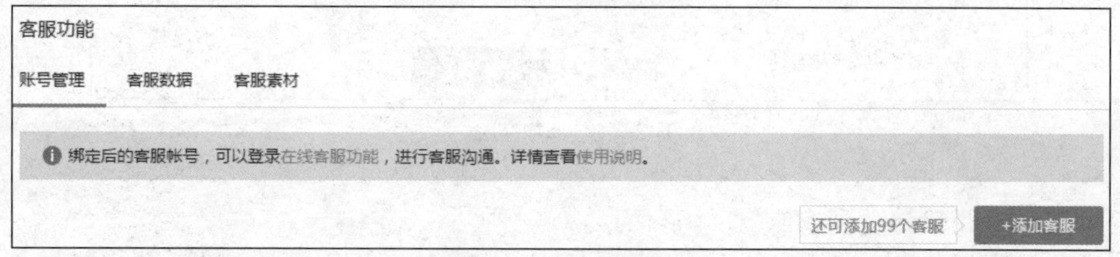

图 2-46　客服功能主界面

单击“添加客服”按钮，添加一个客服，在弹出的页面中输入客服昵称、上传头像，如图 2-47 所示。

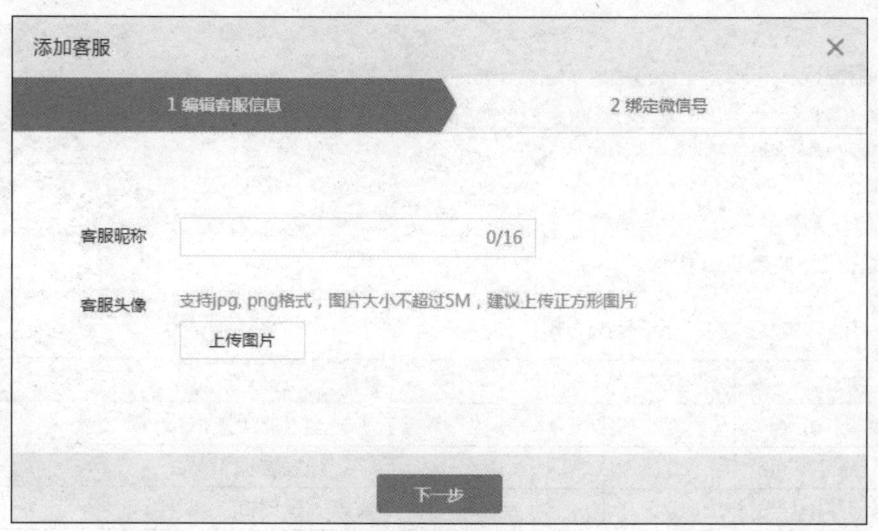

图 2-47　添加客服 1

单击“下一步”按钮，在新的页面中输入客服人员微信号，单击验证并邀请绑定，如图 2-48 所示。此时该微信会收到验证信息，微信验证通过后即可添加成功。

图 2-48　添加客服 2

2.4.3　将消息转发到客服

2.4.1 小节已讲到，当用户向公众平台发送消息后，如果想将该消息接入客服系统，则需要开发者在响应包中返回 MsgType 为 transfer_customer_service 的消息，可以设定用户发送特定关键词触发接入，也可以设定除特定关键词外所有其他的关键词都触发接入客服。

接入客服 xml 如下。

```
<xml>
  <ToUserName><![CDATA[touser]]></ToUserName>
  <FromUserName><![CDATA[fromuser]]></FromUserName>
  <CreateTime>1399197672</CreateTime>
  <MsgType><![CDATA[transfer_customer_service]]></MsgType>
</xml>
```

参数说明，如表 2-6 所示。

表 2-6　将消息转发到客服 xml 参数说明

参数	是否必须	描述
ToUserName	是	接收方账号（收到的 OpenID）
FromUserName	是	开发者微信号
CreateTime	是	消息创建时间（整型）
MsgType	是	transfer_customer_service

设定当用户发送关键词“接入”时，触发接入客服，代码如下。

```
if($keyword == "接入")
{
```

```
    $textTpl = "<xml>
    <ToUserName><![CDATA[%s]]></ToUserName>
        <FromUserName><![CDATA[%s]]></FromUserName>
        <CreateTime>%s</CreateTime>
        <MsgType><![CDATA[transfer_customer_service]]></MsgType>
        </xml>
        ";
        $resultStr = sprintf($textTpl, $fromUsername, $toUsername, time());
        echo $resultStr;
}
```

接入客服效果如图 2-49 所示

图 2-49　接入客服系统效果

2.4.4　客服功能软件使用讲解

添加客服成功后，设定好触发接入客服的关键词，然后登录客服软件，并通过客服软件与用户进行实时沟通。

登录客服系统，网址为 https://mpkf.weixin.qq.com/，打开后通过绑定好的微信客服的微信扫描二维码登录，如图 2-50 所示。

图 2-50　扫码登录客服系统

登录成功后，即可看到已接入客服系统与等待接入客服系统的用户，分别可与已接入的用户对话以及接入等待接入的用户，如图 2-51 所示。

图 2-51 客服系统对话与接入功能界面

客服系统右上角为客服昵称与设置按钮，单击客服昵称可设置客服的在线状态，单击设置按钮可设置该账号的接入设置（设置是否自动接入、接入是否启用自动问候语与问候语内容）、离开设置（设置离开是否启用自动回复与回复内容）与快捷回复（设置快捷回复内容），如图 2-52 所示。

图 2-52 客服系统在线状态与设置功能界面

PART03

第3章

微信公众平台常见HTML5创意宣传页制作

重点知识：

- 易企秀工具介绍
- 制作一个HTML5的创意宣传页

■ 随着移动端的持续火爆与HTML5的逐渐成熟，微信中出现了越来越多的H5页面。这些页面不仅内容清晰、图文美观，而且可以增加背景音乐。这种展现形式被应用于营销、学习、文案等各类推广中，同时也受到越来越多公众号运营者的青睐，逐渐变成微信公众号运营、开发、编辑等职业必懂的一项知识。

3.1 易企秀工具介绍

H5 页面可以通过 HTML5 技术实现，有些人可能会想不懂这项技术是不是就无法实现呢？其实不懂这项技术也可以制作出非常美观的页面，那就是通过 H5 页面制作工具来实现，本章将以易企秀为例来进行介绍。

3.1.1 HTML5 简介

这是万维网的核心语言、标准通用标记语言下的一个应用超文本标记语言（HTML）的第五次重大修改，其出现取代了 1999 年所制定的 HTML 4.01 和 XHTML 1.0 的 HTML 标准版本，现在尽管仍处于发展阶段，但大部分浏览器已经支持某些 HTML5 技术。

HTML5 强化了 Web 网页的表现性能，尤其在移动端表现出色，同时在移动设备上支持多媒体，并追加了本地数据库等 Web 应用的功能。

学习本章并不需要掌握 HTML5 技术，只需学会如何使用易企秀的工具即可。关于 HTML5 更多的内容本书不予过多讲解，感兴趣的读者可购买相关书籍查阅学习。

3.1.2 易企秀工具介绍

1. 易企秀简介

易企秀是一款针对移动互联网营销的手机幻灯片、H5 场景应用制作工具，将原来只能在 PC 端制作和展示的各类复杂营销方案转移到更为便携的手机上。用户可根据自己的需要，在 PC 端、手机端进行制作和展示，随时随地实现营销。

2. 易企秀特点

用户通过易企秀，无须掌握复杂的编程技术，就能简单、轻松地制作基于 HTML5 的精美手机幻灯片页面；同时，易企秀与主流社会化媒体打通，让用户通过自身的社会化媒体账号就能进行传播、展示业务，从而收集潜在客户。易企秀提供统计功能，让用户可随时了解传播效果，明确营销重点、优化营销策略。易企秀提供免费平台，用户可零门槛进行移动自营销，从而持续积累客户。

易企秀适用的地方包括：企业宣传，产品介绍，活动促销，预约报名，会议组织，收集反馈，微信增粉，网站导流，婚礼邀请，新年祝福等。

3.1.3 易企秀手机客户端介绍

易企秀手机客户端是为配合易企秀网站使用的，提供了易企秀用户在手机上使用易企秀网站的功能；同时，易企秀用户通过手机客户端可实时查看制作的 H5 页面访问量，使用非常方便。

易企秀手机客户端首页如图 3-1 所示。

图 3-1　易企秀手机客户端首页

3.2　制作一个 HTML5 的创意宣传页

3.2.1　易企秀 H5 场景模块浏览

打开易企秀官网，单击右上角“登录”按钮，如图 3-2 所示。

图 3-2　登录易企秀官网

登录后进入图 3-3 所示界面，包括 9 个导航栏目，分别是“首页”“H5 展示”“场景推广”“易企传”“会员特权”“秀场”“帮助”“消息”及“个人中心”。

图 3-3　易企秀官网导航栏目

单击“首页”导航栏目进入首页，如图 3-4 所示。该页面主要包括 5 个模块，分别是“样例中心”“推广统计”“场景概况”“推广任务”“消息中心”。

图 3-4　易企秀官网首页

- “为您推荐”是根据用户喜好，推荐现成的模板使用，有些模板需要“秀点”。
- “推广统计”包含账户下建立的 HTML5 场景的浏览、留言等数据。
- “场景概况”包含已建 HTML5 场景数量、新增官方模板样例、模板以及制作场景按钮。
- “推广任务”可以将广告植入自己创建的场景中，以此获取收益。
- “消息中心”包含消息通知、更新说明。

3.2.2　制作一个活动报名的 HTML 创意宣传页

单击首页上的“立即制作”按钮，新建一个 HTML5 场景，进入图 3-5 所示界面。

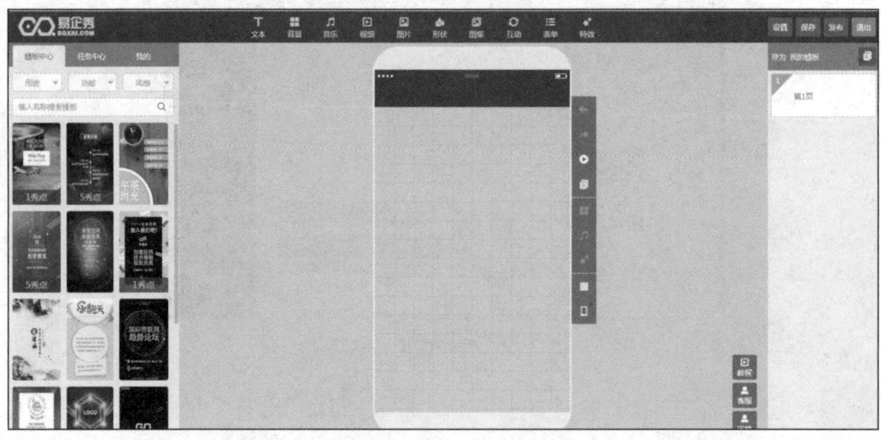

图 3-5　制作 HTML5 场景界面

中间为制作模块，顶部分别可设置界面的文本、背景、音乐、视频、图片、形状、图集、互动、表单以及特效，左边为现成的模板，右边为 HTML5 场景的页面情况。

先设置下第一页的背景，单击“背景”按钮，弹出图 3-6 所示界面。

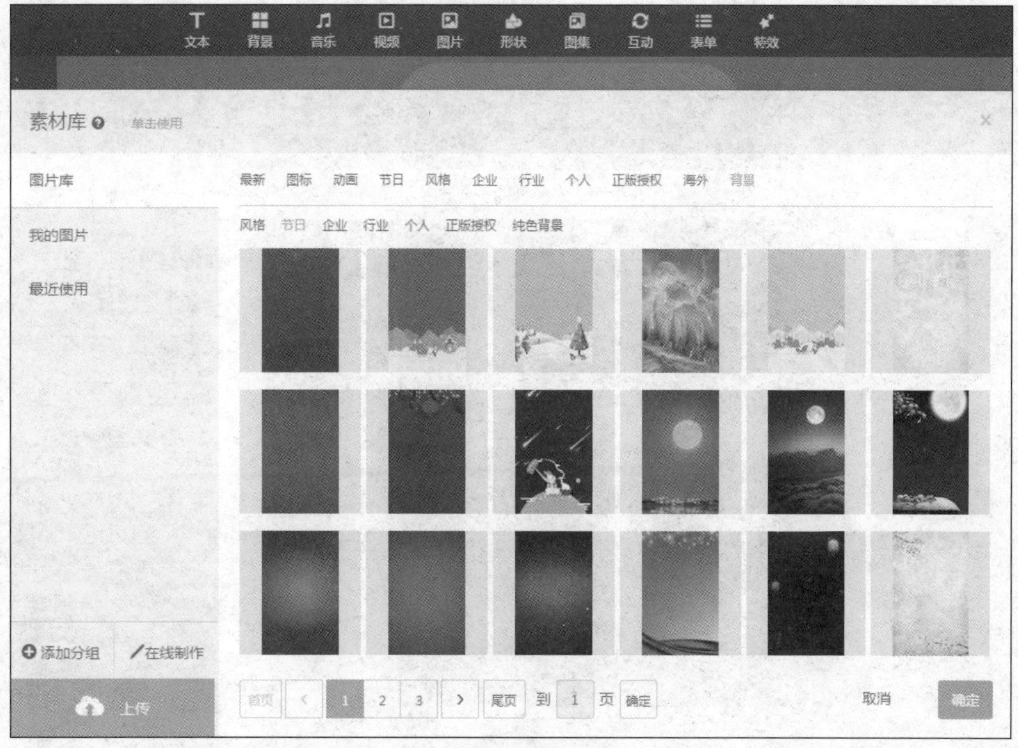

图 3-6 弹出背景界面

单击任一图片即可添加，如图 3-7 所示。

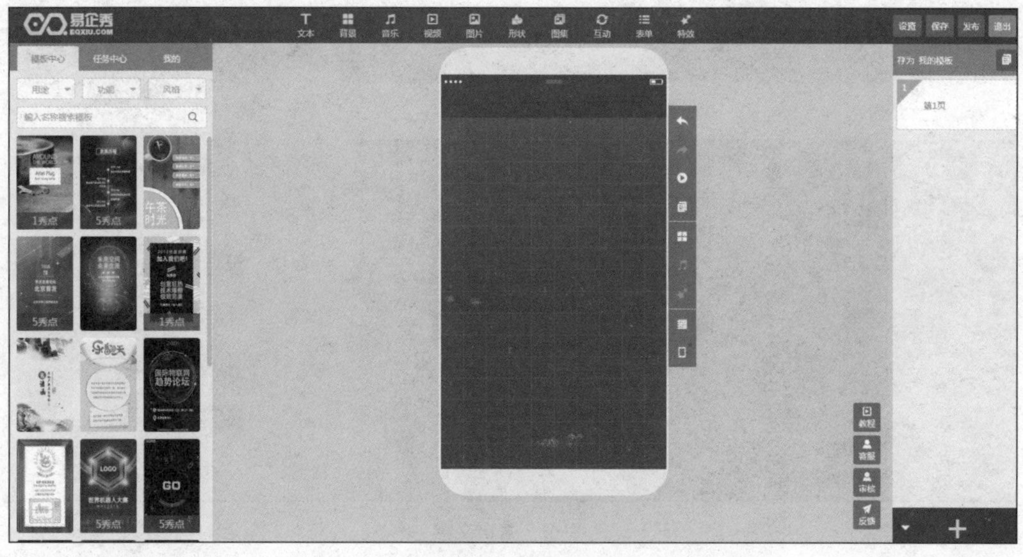

图 3-7 添加背景

在此页面中增加一个活动介绍，也就是文字信息，单击上方的“文本”按钮，如图 3-8 所示。

图 3-8　添加文字信息

编辑文字为“极客看书节”，更换颜色为白色并加粗，如图 3-9 所示。

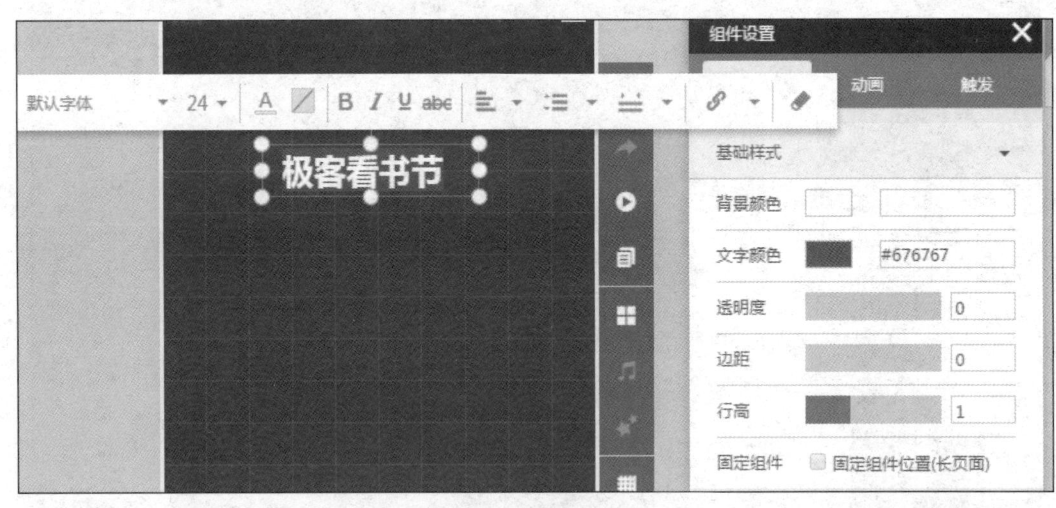

图 3-9　编辑文字

要添加形状可单击“形状”按钮，在弹出的界面中单击“文字”链接，之后选择“520”的形状，如图3-10所示。

图3-10 添加形状

效果如图3-11所示。

图3-11 添加形状效果

添加活动介绍，如图3-12所示。

开始编辑第二页，首先在右侧下方单击“添加一页”，如图3-13所示。

如果第二页内容与第一页类似，可直接复制第一页，单击右侧“复制当前页”图标，如图3-14所示。

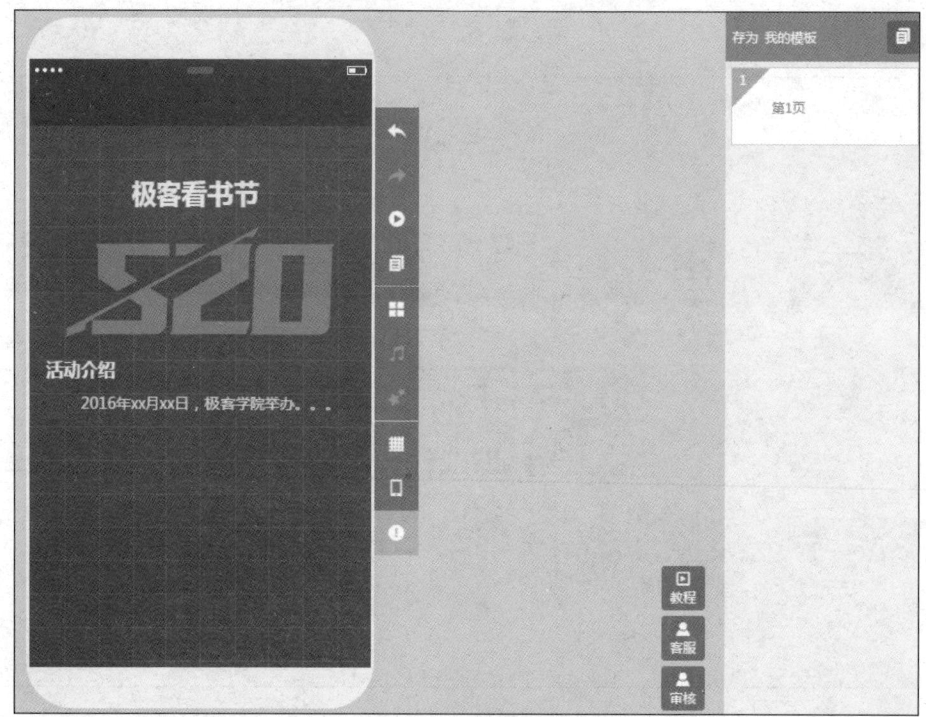

图 3-12　添加活动介绍

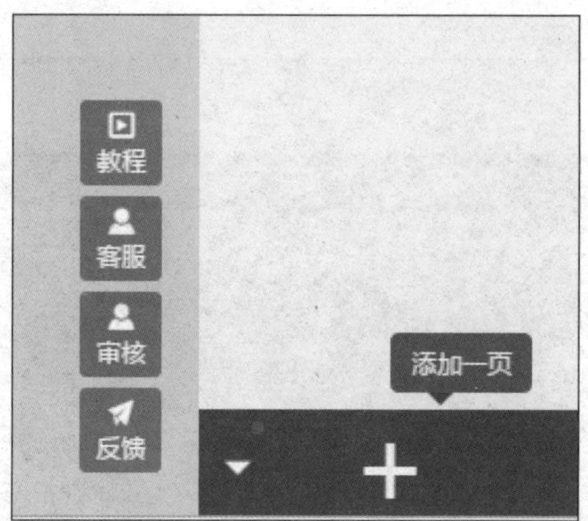

图 3-13　添加一页

图 3-14　复制当前页

设置第二页背景，头部与第一页相同，不同的是将第一页的活动介绍变为活动报名。单击上方的“表单”按钮，添加联系人信息，如图 3-15 所示。

图 3-15　添加联系人表单

添加后将不需要的“邮箱”表单去掉，排版联系人与姓名表单，如图 3-16 所示。

图 3-16　调整联系人表单

之后在表单上方增加“活动报名”文字，如图 3-17 所示。

编辑好之后，单击右侧上方的“发布”按钮，会出现“未设置标题”的提示等。单击“去设置”，设置标题、描述、场景类型、翻页方式以及场景音乐信息，如图 3-18 所示。

图 3-17　增加“活动报名”文字

图 3-18　设置场景相关信息

设置完成后，再次单击“发布”按钮，即发布成功，并出现图 3-19 所示界面。该界面可下载二维码与复制链接，并将它们分享到微信、论坛等推广渠道。至此，一个简单的 HTML5 活动报名场景即创建完毕。

将链接在微信中打开，效果如图 3-20 和图 3-21 所示。

更多 HTML5 场景教程，可进入“易企秀”官方论坛学习，网址：http://bbs.eqxiu.com/portal.php。

图 3-19　场景发布成功

图 3-20　微信打开 HTML5 场景效果 1

图 3-21　微信打开 HTML5 场景效果 2

PART04

第4章

实例：天气预报查询功能

重点知识：

- 天气预报查询接口介绍
- 天气预报查询接口调用
- 天气预报查询功能实现

■ 通过前三章我们对微信公众平台有了初步的认识并对微信公众平台基础功能的实现有所了解，本章将运用前三章的知识并结合第三方的接口在微信公众平台中实现查询天气预报的功能。掌握了本章内容，将会对微信开发流程更加清晰、更加熟练，同时能够掌握调用第三方接口的方法，为后期开发微信项目奠定良好的基础。

4.1 天气预报查询接口介绍

本书 2.1.1 小节讲述了微信公众平台“编辑模式”与“开发者模式”的优缺点。其中“开发者模式”的一条重要优点便是可以调用第三方接口实现个性化的功能，比如天气预报查询、快递查询、手机归属地查询等。本章将通过此方法实现天气预报查询功能，在开发前先介绍一下第三方的天气预报查询接口。

极客学院
jikexueyuan.com

极客学院在线视频学习网址：
http://www.jikexueyuan.com/course/2210_1.html
手机扫描二维码

天气预报查询接口介绍

4.1.1 天气预报查询接口介绍

1. 接口的作用

通过调用指定的接口，获取到有用的数据，无须了解接口中具体是如何将数据查询出并返回的，只需掌握如何调用并得到数据即可。

2. 如何选择合适的接口

此类接口可通过百度 API Store、聚合数据等平台查找并参考调用文档与接口介绍选择合适的接口。

4.1.2 天气预报查询功能整体流程解析

图 4-1 为微信公众平台实现天气预报查询功能的流程图，当用户在微信中发送城市信息给微信公众号（也就是微信服务器）时，微信公众号会将此信息发送给接入 URL（接入服务器），接入服务器接收到此信息后，会处理并通过天气预报查询接口查询该城市的天气信息，将天气信息按指定格式处理后再返回给微信公众号服务器，公众号又将该信息返回给用户。

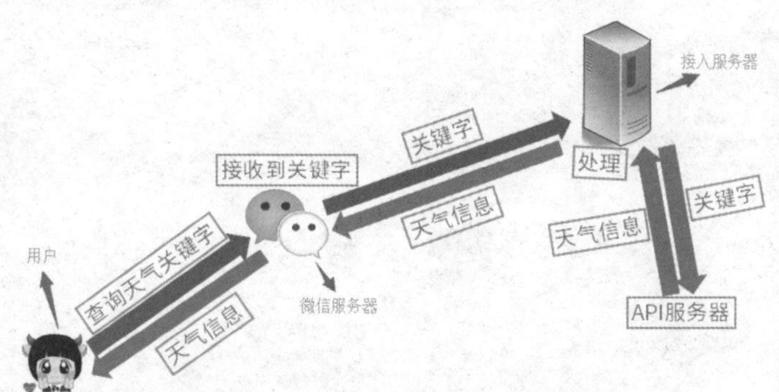

图 4-1 天气预报查询功能流程解析

4.1.3 类似功能需求的思考方式

类似功能是指：快递查询、基于 LBS 的 POI 服务查询、手机归属地查询等。

当需求是实现这一类型功能的时候，首先应该考虑数据来源，是需要调用接口还是自身就有这样的数据。如果需要调取接口，则到“百度 API Store、聚合数据”上查找相关的接口并根据调用文档获取数据即可。如果是自身有这样的数据，则需要将数据放到数据库再从数据库调取即可。然后根据需求设定用户触发方式，如发送关键字触发、单击菜单触发或进入网页中输入关键字查询等。

4.2 天气预报查询接口调用

调用接口前，需要先找到合适的接口。本节将具体讲解如何找到合适的接口，并根据接口说明文档来调用接口以及处理返回的信息。

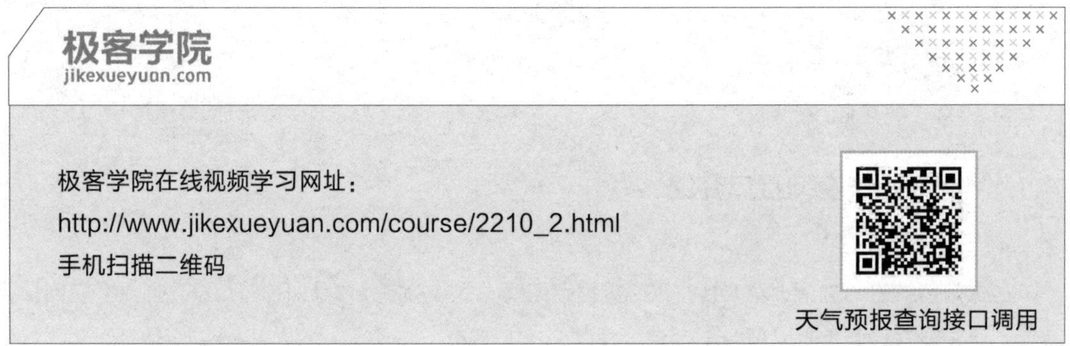

4.2.1 天气预报查询接口调用

1. 查找合适的接口

推荐两个接口集合的站点，百度 APIStore 如图 4-2 所示，聚合数据如图 4-3 所示。这两个都是实用的站点，基本的生活常用接口都可以在其中找到。

图 4-2 百度 APIStore 天气预报查询接口

图 4-3　聚合数据天气预报查询接口

2. 调用天气预报查询接口步骤

（1）查看接口文档。

选择百度 APIStore 中的“中国和世界天气预报”接口，进入后下滑到下方查看接口文档，如图 4-4 所示。

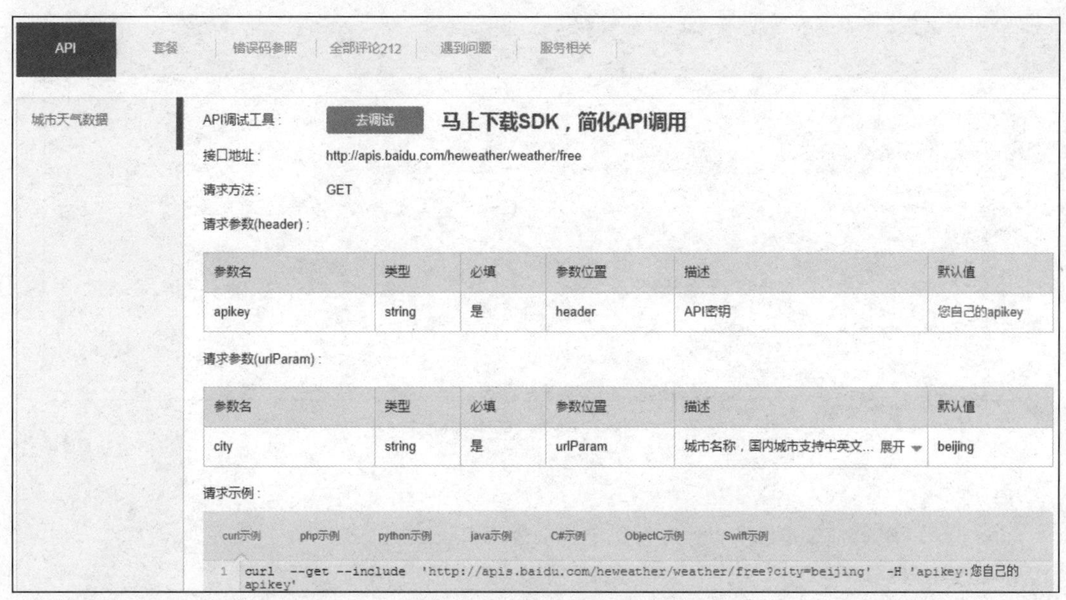

图 4-4　天气预报接口文档

接口地址：http://apis.baidu.com/heweather/weather/free

请求方式：GET

（2）了解接口中的每项参数。

调用参数说明，如表 4-1 所示。

表 4-1　天气预报查询接口参数说明

参数	类型	是否必需	位置	描述	默认值
apikey	string	是	header	API 密钥	您自己的 apikey
city	string	是	urlParam	城市名称，国内城市支持中英文，国际城市支持英文	beijing

Apikey 参数的默认值需要获取，单击“您自己的 apikey”即可，如图 4-5 所示。

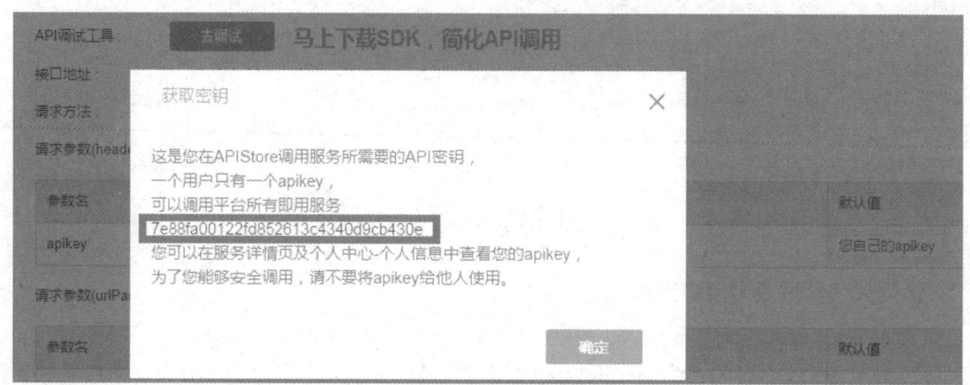

图 4-5　获取天气预报查询接口 apikey

单击“请求示例”中“php 示例”，出现图 4-6 所示代码。

请求示例：

curl示例　php示例　python示例　java示例　C#示例　ObjectC示例　Swift示例

```
<?php
    $ch = curl_init();
    $url = 'http://apis.baidu.com/heweather/weather/free?city=beijing';
    $header = array(
        'apikey: 您自己的apikey',
    );
    // 添加apikey到header
    curl_setopt($ch, CURLOPT_HTTPHEADER  , $header);
    curl_setopt($ch, CURLOPT_RETURNTRANSFER, 1);
    // 执行HTTP请求
    curl_setopt($ch , CURLOPT_URL , $url);
    $res = curl_exec($ch);

    var_dump(json_decode($res));
?>
```

图 4-6　PHP 调用天气预报查询接口代码

返回说明：

正常情况下，微信会返回 JSON 数据包给公众号，代码如下。

```
"HeWeather data service 3.0":  [
  {

   "status": "ok", //接口状态，参考http://www.heweather.com/documents/api

   "basic": {   //基本信息
        "city": "北京",   //城市名称
        "cnty": "中国",   //国家
```

```
        "id": "CN101010100",   //城市ID，参见http://www.heweather.com/documents/cn-city-list
        "lat": "39.904000",   //城市纬度
        "lon": "116.391000",   //城市经度
        "update": {   //更新时间
            "loc": "2015-07-02 14:44", //当地时间
            "utc": "2015-07-02 06:46"   //UTC时间
        }
    },

    "now": { //实况天气
        "cond": { //天气状况
            "code": "100", //天气状况代码
            "txt": "晴" //天气状况描述
        },
        "fl": "30", //体感温度
        "hum": "20%", //相对湿度（%）
        "pcpn": "0.0", //降水量（mm）
        "pres": "1001", //气压
        "tmp": "32", //温度
        "vis": "10", //能见度（km）
        "wind": { //风力风向
            "deg": "10", //风向（360度）
            "dir": "北风", //风向
            "sc": "3级", //风力
            "spd": "15" //风速（kmph）
        }
    },

    "aqi": { //空气质量，仅限国内部分城市，国际城市无此字段
        "city": {
            "aqi": "30", //空气质量指数
            "co": "0", //一氧化碳1小时平均值(ug/m³)
            "no2": "10", //二氧化氮1小时平均值(ug/m³)
            "o3": "94", //臭氧1小时平均值(ug/m³)
            "pm10": "10", //PM10 1小时平均值(ug/m³)
            "pm25": "7", //PM2.5 1小时平均值(ug/m³)
            "qlty": "优", //空气质量类别
            "so2": "3" //二氧化硫1小时平均值(ug/m³)
        }
    },

    "daily_forecast": [ //7天天气预报
        {
            "date": "2015-07-02", //预报日期
            "astro": { //天文数值
                "sr": "04:50", //日出时间
```

```
                "ss": "19:47" //日落时间
            },
            "cond": { //天气状况
                "code_d": "100", //白天天气状况代码，参考http://www.heweather.com/documents/
condition-code
                "code_n": "100", //夜间天气状况代码
                "txt_d": "晴", //白天天气状况描述
                "txt_n": "晴" //夜间天气状况描述
            },
            "hum": "14", //相对湿度（%）
            "pcpn": "0.0", //降水量（mm）
            "pop": "0", //降水概率
            "pres": "1003", //气压
            "tmp": { //温度
                "max": "34℃", //最高温度
                "min": "18℃" //最低温度
            },
            "vis": "10", //能见度（km）
            "wind": { //风力风向
                "deg": "339", //风向（360度）
                "dir": "东南风", //风向
                "sc": "3-4", //风力
                "spd": "15" //风速（kmph）
            }
        },
        ......  //略

    ],
    "hourly_forecast": [ //每三小时天气预报，全能版为每小时预报
        {
            "date": "2015-07-02 01:00", //时间
            "hum": "43", //相对湿度（%）
            "pop": "0", //降水概率
            "pres": "1003", //气压
            "tmp": "25", //温度
            "wind": { //风力风向
                "deg": "320", //风向（360度）
                "dir": "西北风", //风向
                "sc": "微风", //风力
                "spd": "12" //风速（kmph）
            }
        },
        ......  //略

    ],

    "suggestion": { //生活指数，仅限国内城市，国际城市无此字段
```

```
        "comf": { //舒适度指数
            "brf": "较不舒适", //简介
            "txt": "白天天气多云，同时会感到有些热，不很舒适。" //详细描述
        },
        "cw": { //洗车指数
            "brf": "较适宜",
            "txt": "较适宜洗车，未来一天无雨，风力较小，擦洗一新的汽车至少能保持一天。"
        },
        "drsg": { //穿衣指数
            "brf": "炎热",
            "txt": "天气炎热，建议着短衫、短裙、短裤、薄型T恤衫等清凉夏季服装。"
        },
        "flu": { //感冒指数
            "brf": "少发",
            "txt": "各项气象条件适宜，发生感冒概率较低。但请避免长期处于空调房间中，以防感冒。"
        },
        "sport": { //运动指数
            "brf": "较适宜",
            "txt": "天气较好，户外运动请注意防晒。推荐您进行室内运动。"
        },
        "trav": { //旅游指数
            "brf": "较适宜",
            "txt": "天气较好，温度较高，天气较热，但有微风相伴，还是比较适宜旅游的，不过外出时要注意
防暑防晒哦！"
        },
        "uv": { //紫外线指数
            "brf": "中等",
            "txt": "属中等强度紫外线辐射天气，外出时建议涂擦SPF高于15、PA+的防晒护肤品，戴帽子、太
阳镜。"
        }
    }
}
]
}
```


该返回 JSON 数据中包含很多信息，具体如下。

- 基本信息：城市、经纬度、更新时间等。
- 实况天气：当前温度、湿度、风向、风力等。
- 空气质量：空气质量指数、一氧化碳、PM2.5 等。
- 7 天天气预报、感冒指数、洗车指数等。

这些返回信息中有很多有用的信息，但是只呈现用户需求的部分。假设用户需要的信息为“城市、当前温度、风向、风力”这几项，则通过实例调用接口。

（3）使用 CURL 调用接口并处理获取有效数据。

新建 PHP 文件并存储到 PHP 运行目录下，本书 WAMP 本地环境绝对路径为：D://WAMP/www/，写入“天气预报接口文档”中的 PHP 示例代码并替换城市名称与 apikey，代码如下。

```
<?php
    $ch = curl_init();
    $city="上海";
    $url = 'http://apis.baidu.com/heweather/weather/free?city='.$city.'';
    $header = array(
        'apikey: 7e88fa00122fd852613c4340d9cb430e',
    );
    // 添加apikey到header
    curl_setopt($ch, CURLOPT_HTTPHEADER  , $header);
    curl_setopt($ch, CURLOPT_RETURNTRANSFER, 1);
    // 执行HTTP请求
    curl_setopt($ch , CURLOPT_URL , $url);
    $res = curl_exec($ch);

    var_dump(json_decode($res));
?>
```

✧ 代码解析

$ch = curl_init();初始化 curl 服务，设定要查询的城市名称，并替换服务地址中的 city，设定 header 数组：apikey 及其参数；

curl_setopt($ch, CURLOPT_HTTPHEADER , $header);设置 HTTP 头字段的数组为$header；

curl_setopt($ch, CURLOPT_RETURNTRANSFER, 1);将 curl_exec()获取的信息以文件流的形式返回；

curl_setopt($ch , CURLOPT_URL , $url);需要获取的 URL 地址；

$res = curl_exec($ch);将返回的信息赋值给变量$res；

var_dump(json_decode($res));输出经过编码转换为数组的 JSON 返回数据。

运行程序，效果如图 4-7 所示。

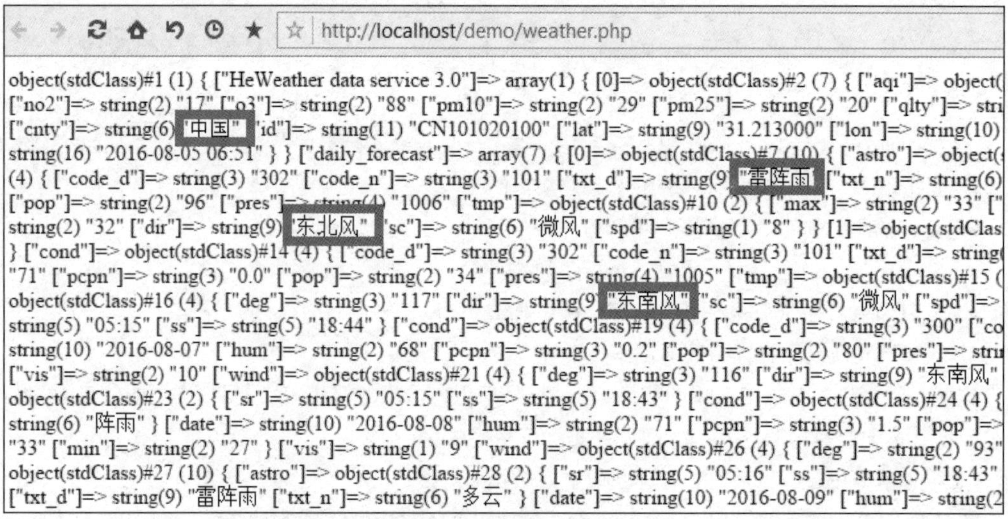

http://localhost/demo/weather.php

object(stdClass)#1 (1) { ["HeWeather data service 3.0"]=> array(1) { [0]=> object(stdClass)#2 (7) { ["aqi"]=> object(
["no2"]=> string(2) "17" ["o3"]=> string(2) "88" ["pm10"]=> string(2) "29" ["pm25"]=> string(2) "20" ["qlty"]=> stri
["cnty"]=> string(6) "中国" ["id"]=> string(11) "CN101020100" ["lat"]=> string(9) "31.213000" ["lon"]=> string(10)
string(16) "2016-08-05 06:51" } } ["daily_forecast"]=> array(7) { [0]=> object(stdClass)#7 (10) { ["astro"]=> object(
(4) { ["code_d"]=> string(3) "302" ["code_n"]=> string(3) "101" ["txt_d"]=> string(9) "雷阵雨" ["txt_n"]=> string(6)
["pop"]=> string(2) "96" ["pres"]=> string(4) "1006" ["tmp"]=> object(stdClass)#10 (2) { ["max"]=> string(2) "33" ["
string(2) "32" ["dir"]=> string(9) "东北风" ["sc"]=> string(6) "微风" ["spd"]=> string(1) "8" } } [1]=> object(stdClas
} ["cond"]=> object(stdClass)#14 (4) { ["code_d"]=> string(3) "302" ["code_n"]=> string(3) "101" ["txt_d"]=> string(
"71" ["pcpn"]=> string(3) "0.0" ["pop"]=> string(2) "34" ["pres"]=> string(4) "1005" ["tmp"]=> object(stdClass)#15 (
object(stdClass)#16 (4) { ["deg"]=> string(3) "117" ["dir"]=> string(9) "东南风" ["sc"]=> string(6) "微风" ["spd"]=>
string(5) "05:15" ["ss"]=> string(5) "18:44" } ["cond"]=> object(stdClass)#19 (4) { ["code_d"]=> string(3) "300" ["co
string(10) "2016-08-07" ["hum"]=> string(2) "68" ["pcpn"]=> string(3) "0.2" ["pop"]=> string(2) "80" ["pres"]=> stri
["vis"]=> string(2) "10" ["wind"]=> object(stdClass)#21 (4) { ["deg"]=> string(3) "116" ["dir"]=> string(9) "东南风"
object(stdClass)#23 (2) { ["sr"]=> string(5) "05:15" ["ss"]=> string(5) "18:43" } ["cond"]=> object(stdClass)#24 (4) {
string(6) "阵雨" } ["date"]=> string(10) "2016-08-08" ["hum"]=> string(2) "71" ["pcpn"]=> string(3) "1.5" ["pop"]=>
"33" ["min"]=> string(2) "27" } ["vis"]=> string(1) "9" ["wind"]=> object(stdClass)#26 (4) { ["deg"]=> string(2) "93"
object(stdClass)#27 (10) { ["astro"]=> object(stdClass)#28 (2) { ["sr"]=> string(5) "05:16" ["ss"]=> string(5) "18:43"
["txt_d"]=> string(9) "雷阵雨" ["txt_n"]=> string(6) "多云" } ["date"]=> string(10) "2016-08-09" ["hum"]=> string(2

图 4-7　文档代码效果

4.2.2 处理返回信息得到有效的天气数据

出现带 object(stdClass)的数组，这种程序无法被直接处理，需要变为真正的数组。这时可写一个函数处理，代码如下。

```
function object_array(&$object)
{
    $object =   json_decode( json_encode( $object),true);
    return   $object;
}
```

之后将返回的数据通过 object_array 函数处理并赋值给变量$infoarr，即将代码 var_dump (json_decode($res));替换为$infoarr=object_array(json_decode($res));之后输出$infoarr，效果如图 4-8 所示。

Array ([HeWeather data service 3.0] => Array ([0] => Array ([aqi] => Array ([city] => Array ([aqi] => 39 [co] => 1 [no2] => 15 [o3] => 89 [pm10] => 25 [pm25] => 17 [qlty] => 优 [so2] => 10)) [basic] => Array ([city] => 上海 [cnty] => 中国 [id] => CN101020100 [lat] => 31.213000 [lon] => 121.445000 [update] => Array ([loc] => 2016-08-05 15:51 [utc] => 2016-08-05 07:51)) [daily_forecast] => Array ([0] => Array ([astro] => Array ([sr] => 05:13 [ss] => 18:46) [cond] => Array ([code_d] => 302 [code_n] => 101 [txt_d] => 雷阵雨 [txt_n] => 多云) [date] => 2016-08-05 [hum] => 76 [pcpn] => 3.0 [pop] => 96 [pres] => 1006 [tmp] => Array ([max] => 33 [min] => 27) [vis] => 10 [wind] => Array ([deg] => 32 [dir] => 东北风 [sc] => 微风 [spd] => 6)) [1] => Array ([astro] => Array ([sr] => 05:14 [ss] => 18:45) [cond] => Array ([code_d] => 302 [code_n] => 101 [txt_d] => 雷阵雨 [txt_n] => 多云) [date] => 2016-08-06 [hum] => 71 [pcpn] => 0.0 [pop] => 34 [pres] => 1005 [tmp] => Array ([max] => 33 [min] => 27) [vis] => 9 [wind] => Array ([deg] => 117 [dir] => 东南风 [sc] => 微风 [spd] => 9)) [2] => Array ([astro] => Array ([sr] => 05:15 [ss] => 18:44) [cond] => Array ([code_d] => 300 [code_n] => 101 [txt_d] => 阵雨 [txt_n] => 多云) [date] => 2016-08-07 [hum] => 68 [pcpn] => 0.2 [pop] => 80 [pres] => 1004 [tmp] => Array ([max] => 33 [min] => 27) [vis] => 10 [wind] => Array ([deg] => 116 [dir] => 东南风 [sc] => 微风 [spd] => 2)) [3] => Array ([astro] => Array ([sr] => 05:15 [ss] => 18:43) [cond] => Array ([code_d] => 302 [code_n] => 300 [txt_d] => 雷阵雨 [txt_n] => 阵雨) [date] => 2016-08-08 [hum] => 71

图 4-8　经过处理的天气预报接口返回数据效果

分析我们所需数据在数组的 [HeWeather data service 3.0]下标下的 [0]下标下面，假设需要用到城市信息，看到该信息位于[0]下标下的 [basic]下标下，所以代码应为：echo $infoarr['HeWeather data service 3.0']['0']['basic']['city']；如图 4-9 所示。

图 4-9　输出天气预报城市信息

假设用户所需的天气预报信息分别有：城市、当前温度、风向、风力、天气等，单独取各项值，各项信息取值方法如下。

- 当前温度：[now] 下的 [tmp]，即输出代码为 echo $infoarr['HeWeather data service 3.0']['0']['now']['tmp'];
- 当前风向：[now] 下的[wind]下的[dir]，即输出代码为 echo $infoarr['HeWeather data service 3.0']['0']['now']['wind']['dir'];

- 当前风力：[now] 下的[wind]下的[sc]，即输出代码为 echo $infoarr['HeWeather data service 3.0']['0']['now']['wind']['sc'];
- 当前天气：[now] 下的[cond]下的[txt]，即输出代码为 echo $infoarr['HeWeather data service 3.0']['0']['now']['cond']['txt']。

为每项天气信息添加说明与换行，效果如图 4-10 所示。

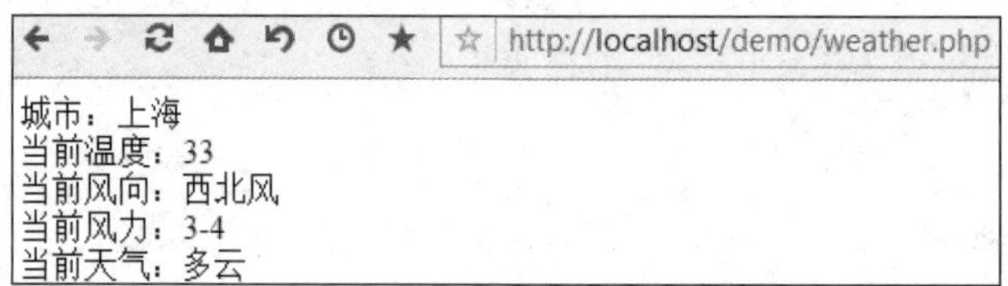

图 4-10　输出所需天气信息效果

优化代码，将 curl 部分写成函数命名为 get_weather()，同时把 object_array()与 get_weather()函数放入 wei_function.php 文件中，代码如下。

```
<?php

function object_array(&$object)
{
    $object =   json_decode( json_encode( $object),true);
    return   $object;
}

function get_weather($city)
{
    $ch = curl_init();
    $url = 'http://apis.baidu.com/heweather/weather/free?city='.$city.'';
    $header = array(
        'apikey: 7e88fa00122fd852613c4340d9cb430e',
    );
    curl_setopt($ch, CURLOPT_HTTPHEADER   , $header);
    curl_setopt($ch, CURLOPT_RETURNTRANSFER, 1);
    curl_setopt($ch , CURLOPT_URL , $url);
    $res = curl_exec($ch);
    return $res;
}
?>
```

在天气预报接口调用程序文件中包含 wei_function.php 文件，便可使用 object_array()与 get_weather()函数，最终代码如下。

```
<?php

require('wei_function.php');
$city="上海";
$res=get_weather($city);
```

```
$infoarr=object_array(json_decode($res));

echo "城市：".$infoarr['HeWeather data service 3.0']['0']['basic']['city']."<br>";//城市

echo "当前温度：".$infoarr['HeWeather data service 3.0']['0']['now']['tmp']."<br>";//当前温度

echo "当前风向：".$infoarr['HeWeather data service 3.0']['0']['now']['wind']['dir']."<br>";//当前风向

echo "当前风力：".$infoarr['HeWeather data service 3.0']['0']['now']['wind']['sc']."<br>";//当前风力

echo "当前天气：".$infoarr['HeWeather data service 3.0']['0']['now']['cond']['txt']."<br>";//当前天气

?>
```

4.3 天气预报查询功能实现

找好接口并对所需要的天气信息进行设定，然后就只需将要查询天气信息的城市传给接口并将查询好的天气信息回复给用户即可。

极客学院
jikexueyuan.com

极客学院在线视频学习网址：
http://www.jikexueyuan.com/course/2210_3.html
手机扫描二维码

天气预报查询功能实现

4.3.1 PHP 截取函数的使用

为什么要使用截取函数？先看一下天气预报查询效果，如图 4-11 所示。

通常公众号都会有多个功能通过关键字触发实现，为了不混淆非查询天气的用户，就需要设定一个口令。当用户发送这个口令时，认为用户是在查询天气，设定口令为“天气”；当用户发送的关键词前两个字为“天气”时，默认用户在查询天气，而查询的城市为“天气”后面的剩余关键词。如图 4-11 所示，发送关键词“天气北京”，“天气”为口令，“北京”为要查询天气的城市。而要实现这种目的，需将关键词截取。

PHP 中最常用的截取函数为“substr”，该函数截取汉字，编码为“UTF8”时，一个汉字等于 3 个字符，所以用 substr 截取“天气”两个字，为 6 个字符，截取代码如下。

```
<?php
$str="天气北京";
echo substr($str,0,6);
?>
```

截取“天气北京”，需要从第二个后截取到最后，代码如下。

```
<?php
$str="天气北京";
echo substr($str,6, strlen($str));
?>
```

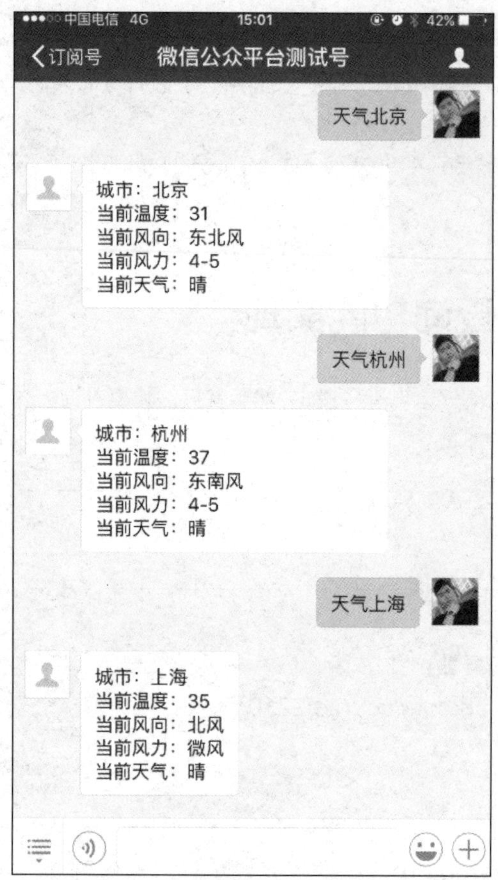

图 4-11　天气预报查询效果

4.3.2　微信公众平台关键词回复

查询天气，是通过发送关键词的回复实现的。在 2.2.2 小节中，已经实现了关键字被动回复用户信息、天气预报查询功能，此处只需在这个基础上将被动回复的信息替换为天气信息即可。

实现发送“天气+城市”关键词，回复“已收到”信息给用户，修改接口文件 wx_sample.php。修改部分代码如下。

```
if(!empty( $keyword ))
{
        $substr=substr($keyword, 0,6);
        if($substr == "天气")
        {
            $contentStr = "已收到";
```

```
        }else
        {
            $contentStr = "Hello World";
        }
            $msgType = "text";
            $resultStr = sprintf($textTpl, $fromUsername, $toUsername, $time, $msgType, $contentStr);
           echo $resultStr;
}else
{
        cho "Input something...";
}
```

4.3.3 完成天气预报查询功能

通过截取用户发送关键词中的城市名传入 4.2 章节中的接口得到返回数据，并以此数据替换“$contentStr = "已收到"”中的“已收到”即可。

实现天气查询功能，代码如下：

```
if(!empty( $keyword ))
{
        $substr=substr($keyword, 0,6);
        if($substr == "天气")
        {
            require('wei_function.php');
            $city=substr($keyword,6, strlen($keyword));
            $res=get_weather($city);
            $infoarr=object_array(json_decode($res));
            $city="城市：".$infoarr['HeWeather data service 3.0']['0']['basic']['city'];//城市

            $temperature="当前温度：".$infoarr['HeWeather data service 3.0']['0']['now']['tmp'];
            $wind="当前风向：".$infoarr['HeWeather data service 3.0']['0']['now']['wind']['dir'];
            $wind_power="当前风力：".$infoarr['HeWeather data service 3.0']['0']['now']['wind']['sc'];
            $weather="当前天气：".$infoarr['HeWeather data service 3.0']['0']['now']['cond']['txt'];
            $weather_info=$city."\n".$temperature."\n".$wind."\n".$wind_power."\n".$weather;
            $contentStr=$weather_info;
        }else
        {
            $contentStr = "Hello World";
        }
            $msgType = "text";
            $resultStr = sprintf($textTpl, $fromUsername, $toUsername, $time, $msgType, $contentStr);
            echo $resultStr;
}else
{
        echo "Input something...";
}
```

✧ 代码解析

require('wei_function.php');包含 wei_function.php 文件，包含后才可使用 wei_function.php 中的 get_weather()和 json_decode()函数；

$city=substr($keyword,6, strlen($keyword));截取用户发送的关键词中的城市名；

$res=get_weather($city);调用 get_weather()函数获取到该城市的天气信息；

$infoarr=object_array(json_decode($res));调用 object_array()函数处理返回的天气信息变为数组；

$weather_info=$city."\n".$temperature."\n".$wind."\n".$wind_power."\n".$weather;组合单独获取到的天气信息；

$contentStr=$weather_info;将天气信息赋值给变量$contentStr，最后回复给用户天气信息。

最终天气预报查询效果如图 4-12 所示。

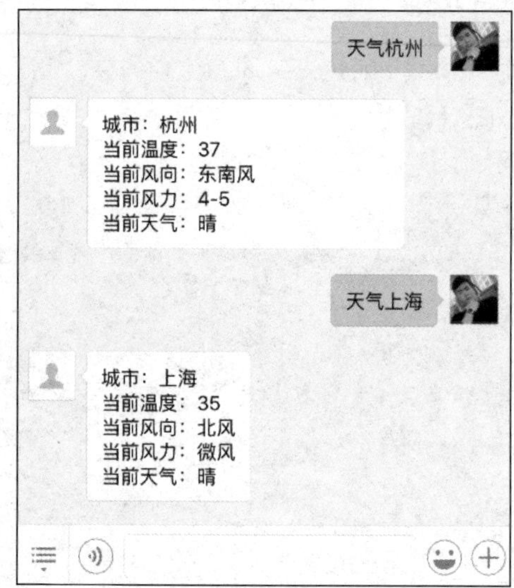

图 4-12 天气预报查询效果

PART05

第5章 微信公众平台接口介绍与配置

重点知识：

- 微信公众平台接口介绍及测试号配置
- 微信公众平台接口开发注意事项
- 微信公众平台核心接口功能介绍

■ 前面章节的内容可以实现简单的微信公众平台功能，但是对更加个性化、更加强大的功能却束手无策，如邀请好友接力活动、用户收货通知、抽奖活动中每个微信用户仅限抽取一次的功能以及微信绑定……要实现这些功能就得深度结合微信公众平台各接口，本章将介绍何为微信公众平台接口、调用接口注意事项以及微信各核心接口功能演示。

5.1 微信公众平台接口介绍及测试号配置

要开发更加个性化、更加强大的微信应用，首先需了解微信公众平台的各项接口及其特点，本节将介绍微信接口的特点并配置可体验这些接口的测试账号。

极客学院
jikexueyuan.com

极客学院在线视频学习网址：
http://www.jikexueyuan.com/course/1924_1.html
手机扫描二维码

接口的整体介绍及测试号配置

1. 微信接口介绍

（1）接口（API）的定义。

不同功能层之间的通信规则称为接口（API）。这是百度百科的定义，说得比较抽象，笔者的理解是“假设 A 是数据提供方，B 是数据获取方，A 为了安全与双方的便利，将 B 所需的数据以内部操作获取到并分离出外部可沟通的方法，该方法便是接口，并提供该接口的调用方式，B 只需按照调用方式调取获得数据，无须知道该接口内部具体是怎么得到数据的，这个就是接口的意义与特点”。

（2）微信接口的特点。

微信接口是通过 GET 方式请求的，如 access_token 的接口获取地址：

https://api.weixin.qq.com/cgi-bin/token?grant_type=client_credential&appid=APPID&secret=APPSECRET。

依次替换该地址中的 appid、secret 参数即可获取到 access_token 参数。

微信接口返回数据的格式为 JSON，如：

{"access_token":"ACCESS_TOKEN","expires_in":7200}。

（3）调用微信接口的方法。

使用 CURL 来获取接口地址的数据，CURL 可以使用 URL 的语法模拟浏览器来传输数据。正因如此，它支持多种协议。4.1.2 小节中已使用 CURL 调取过天气预报查询的接口，其具体使用方法可以翻阅相关书籍，本书不予详细讲解。

2. 微信公众平台接口测试账号

（1）介绍。

微信公众平台接口测试账号，是为学习、体验以及做测试使用的。体验微信的高级接口需要认证微信公众平台，且必须是服务号，因而并非每个微信开发者都可以申请到。基于这样的考虑，腾讯推出测试账号，目前可以体验全部的微信高级接口。

（2）配置。

登录微信公众平台，单击左侧“开发”菜单栏中的“开发者工具”按钮，如图 5-1 所示。

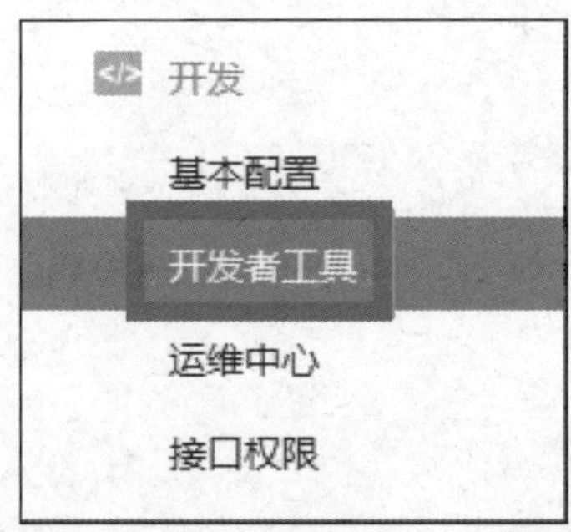

图 5-1　单击“开发者工具”按钮

在随后的页面中单击“公众平台测试账号”后的“进入”按钮，如图 5-2 所示。

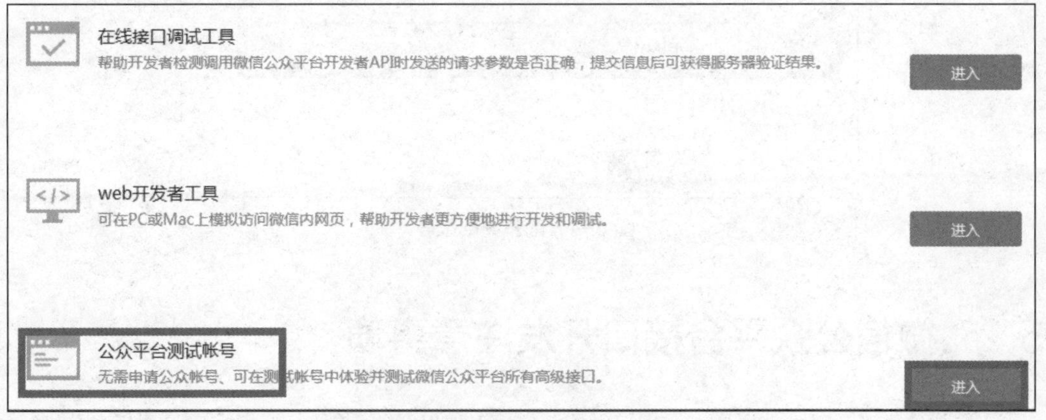

图 5-2　进入微信公众平台测试账号

进入后，单击“登录”→微信扫描二维码→登录成功，如图 5-3 所示。

图 5-3　登录测试账号

登录成功后，填写 URL 与 Token。与 2.1.1 小节中接入并开启开发者模式的接入方式相同，填写相同的 URL 和 Token 即可，如图 5-4 所示。

图 5-4 配置测试账号

5.2 微信公众平台接口开发注意事项

本节内容能帮助开发者快速确定调用微信接口出现错误的原因，包括调用接口返回信息分别代表的意思以及接口频次限制，它们是开发者在开发微信应用时的小助手。

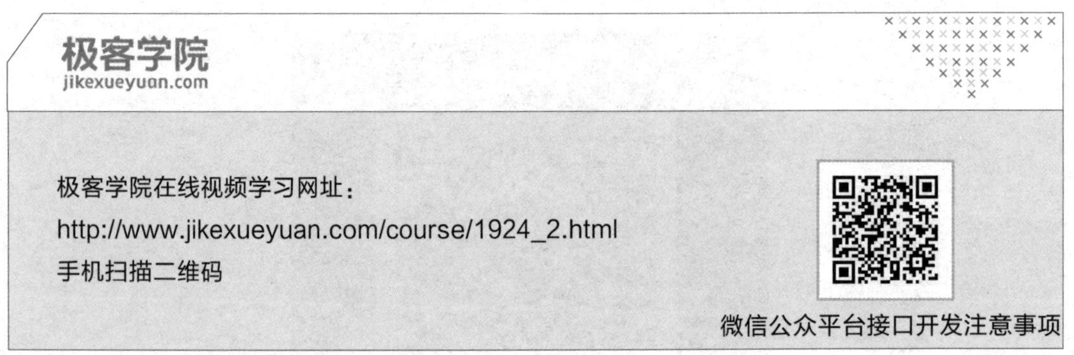

极客学院
jikexueyuan.com
极客学院在线视频学习网址：
http://www.jikexueyuan.com/course/1924_2.html
手机扫描二维码
微信公众平台接口开发注意事项

5.2.1 全局返回码说明

在调用微信接口时，由于各种原因经常会出现调用失败的情况；同时，微信服务器会返回一些信息给开发者，如{"errcode":45009,"errmsg":"api freq out of limit"}。这些信息包含错误信息，开发者可根据该信息调试接口，以排查错误。但是这些信息却是通过一串返回码表达的，如{"errcode":45009,"errmsg":"api freq out of limit"}中的 45009，errcode 后面的数字就是返回码。

返回码较多，且随着微信公众平台开放更多的接口，其数量还会增加，所以本节重点讲解 4 个返回码信息，其余返回码及其所代表的意思可到网址：https://mp.weixin.qq.com/wiki?t=resource/res_main&id=mp1433747234&token=&lang=zh_CN 中查看。

- 0：代表请求成功。
- 40001：代表获取 access_token 时 AppSecret 错误，或者 access_token 无效。请开发者认真比对 AppSecret 的正确性，或查看是否正在为恰当的公众号调用接口。access_token 是微信公众平台接口调用的凭证，也是最常用到的接口之一，获取 access_token 出现 40001 一般来说是 AppSecret 参数错误，也有可能是复制其他公众号如微信接口测试账号的 AppSecret 导致 access_token 接口无法被正确响应。
- 45009：接口调用超过限制。接口并不是无限制被调用的，当调用超过限制后，会返回 45009 的错误返回码。
- 45010：创建菜单个数超过限制。目前，微信一级菜单最多 3 个，二级菜单最多 5 个，当超过这一限制后，会返回 45010 的错误返回码。

5.2.2 接口频次限制说明

公众号调用接口并不是无限制的。为了防止公众号的程序错误而引发微信服务器负载异常，默认情况下每个公众号调用接口都不能超过一定限制。当超过一定限制时，调用对应接口会收到如下错误返回码：

{"errcode":45009,"errmsg":"api freq out of limit"}。

该返回码 45009，5.2.1 小节中已说明，接口调用超过限制会返回该错误返回码。

开发者可以登录微信公众平台，在账号后台开发者中心接口权限模板查看账号各接口当前的日调用上限和实时调用量，对认证账号可以进行实时调用量清零，说明如下。

（1）由于指标计算方法或统计时间差异，实时调用量数据可能会出现误差，一般在 1%以内。

（2）每个账号每月共 10 次清零操作机会，清零生效一次即用掉一次机会（10 次包括了平台上的清零和调用接口 API 的清零）。

（3）第三方帮助公众号调用时，实际上是在消耗公众号自身的 quota。

（4）每个有接口调用限额的接口都可以进行清零操作。

每项接口调用频次都不同，本节列出 4 个常用接口频次，其余可到 https://mp.weixin.qq.com/wiki?t=resource/res_main&id=mp1433744592&token=&lang=zh_CN 中查看。

- 获取 access_token 接口。每日限调用次数 2000 次。
- 自定义菜单创建接口。每日限调用次数 1000 次。
- 下载多媒体文件接口。每日限调用次数 5000 次。
- 发送客服消息接口。每日限调用次数 500000 次。

5.3 微信公众平台核心接口功能介绍

微信公众平台常用到的接口功能，是微信开发者必须掌握的。本节将主要讲解微信公众平台各接口的功能并通过案例帮助读者更加深刻地理解每项接口。

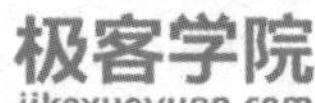

极客学院在线视频学习网址：

http://www.jikexueyuan.com/course/1924_3.html

手机扫描二维码

微信公众平台核心接口功能介绍

5.3.1 微信公众平台核心接口功能介绍

- access_token 获取接口。access_token 是公众号的全局唯一票据，公众号调用各接口时都需使用 access_token，在第六章会重点讲解。access_token 存储至少要保留 512 个字符空间；有效期目前为 2 个小时，重复获取将导致上次获取的 access_token 失效。
- 获取微信服务器 IP 接口。该接口是基于安全考虑，可用来判断是否是微信服务器发来的请求或者数据。
- 长链接转短链接接口。可通过该接口，将较长的网址链接转换为较短的链接。
- 获取用户列表。可获取到已经关注公众号的用户列表，也就是获取到已关注用户的 OpenID。
- 获取用户基本信息(UnionID 机制)。公众号可通过本接口根据 OpenID 获取用户基本信息，包括昵称、头像、性别、所在城市、语言和关注时间。
- 网页授权接口。最常用到的微信接口之一，如图 5-5 所示。如果用户在微信客户端访问第三方网页，公众号可以通过微信网页授权机制来获取用户基本信息。

图 5-5 网页授权接口登录效果

- 素材管理接口。这个接口经常会被用到，包括上传、获取、删除素材等。比如高级群发接口发送图文时，需要先上传该图文素材。
- 高级群发接口。高级群发接口为具备开发能力的公众号运营者提供更加灵活的群发能力，公众号粉丝每月可接收到服务号 4 条群发消息。高级群发接口可通过 OpenID 群发，也可通过用户分组群发。
- 模板消息接口，如图 5-6 所示。模板消息仅用于公众号向用户发送重要的服务通知，只能用于符合其要求的服务场景中，如信用卡刷卡通知、商品购买成功通知等。不支持广告等营销类消息及其他所有可能对用户造成骚扰的消息。

图 5-6　模板消息接口效果

- JSSDK 接口。通过使用微信 JSSDK，网页开发者可借助于微信高效地使用拍照、选图、语音、位置等手机系统的能力，同时可以直接使用微信分享、扫一扫、卡券、支付等微信特有的能力，为微信用户提供更优质的网页体验。最常用到的自定义网页分享功能，如图 5-7 所示。网页标题和分享的标题不同，包括可自定义分享图标与链接。
- 其他如微信卡券、数据统计、微信门店、微信小店等接口，具体介绍可详见开发者文档：https://mp.weixin.qq.com/wiki。

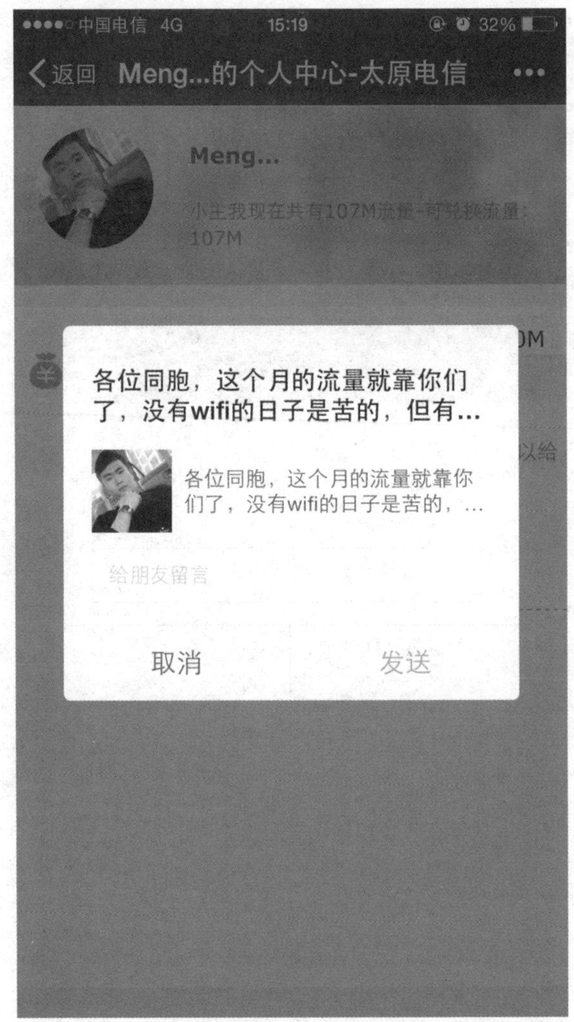

图 5-7 JSSDK 自定义分享

5.3.2 案例分析：如何确定微信应用在开发过程中会用到哪些接口

在开发微信应用时，我们常常会做需求分析，这个过程就是要确定，在该应用中会用到哪些微信接口。如何思考确定需要哪些接口呢？下面通过一个案例进行讲解。

项目背景：移动互联网火热的当下，××公司计划将自己的 PC 商城与自己的微信公众平台对接，在微信上绑定 PC 商城账号的功能，以实现在微信中单击菜单无须登录即可查看自己账号的详情、购物记录等。

该系统中会用到哪些微信接口呢？需要先确定该系统的用户体验流程，如图 5-8 所示。

当用户进入绑定页面时，为了验证该用户是否已绑定过，需要获取该用户的 OpenID，因此就会用到网页授权接口。此时，如果判断用户 OpenID 曾经已绑定，即可查询与该 OpenID 绑定的 PC 商城账户并跳转到登录成功该账户后的页面。如果没有，就继续绑定流程，用户输入 PC 网站的账号密码进行验证，验证成功即将用户 OpenID 与 PC 商城账户存入数据库。此时，会将用户已成功绑定的信息通过微信发送给用户，这里会用到模板消息接口，如果错误，网页中会提示用户账号或密码错误。如果为了扩大宣传面，鼓励用户分享该绑定页面，可使用 JSSDK 自定义分享内容，让分享出去的内容更加富有生命力也更加容易触发用户单击。

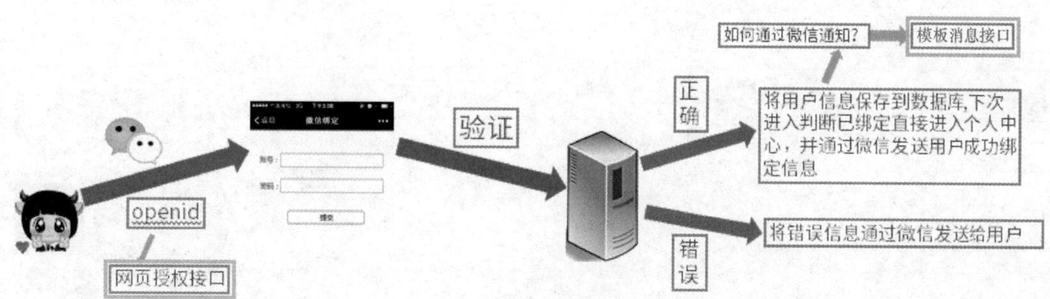

图 5-8　绑定系统流程

那么，该系统会用到的微信公众平台接口包括：网页授权接口、模板消息接口与 JSSDK 接口。

PART06

第6章 微信公众平台基础接口实例讲解

重点知识：

access_token获取及应用 ■

获取微信服务器IP及长链接转短链接接口调用 ■

用户管理中常用接口调用 ■

■ 微信公众平台有着很多接口，根据使用的难易程度、可实现的功能效果等可划分为基础接口与高级接口。本章将学习微信公众平台的基础接口，包括access_token 获取及应用、微信服务器 IP 的获取接口、长链接转短链接接口、获取微信关注用户列表及获取用户基本信息的接口。本章内容可以帮助你实现简单的微信开发需求，同时也能为你将来学习微信高级接口打下很好的基础。

6.1 access_token 获取及应用

access_token 在微信公众平台中是很重要的参数之一，其作用是微信服务器判断公众号是否有调用指定接口的权限。在微信公众平台接口中，绝大多数接口都会用到该参数。

极客学院
jikexueyuan.com

极客学院在线视频学习网址：
http://www.jikexueyuan.com/course/1946_1.html
手机扫描二维码

access_token 获取及应用

6.1.1 access_token 的作用及使用场景

1. access_token 的作用

access_token 由公众号的 AppID 和 AppSecret 组成，所以具有识别公众号的作用。

2. access_token 的使用场景

可以把它比喻成一把钥匙。通过 access_token，微信公众号才能调用微信接口，如本章涉及的微信服务器 IP 的获取接口、长链接转短链接接口、获取微信关注用户列表及获取用户基本信息的接口。

微信服务器也是通过 access_token 来判断公众号是否有调用该接口的权限。如在调用微信服务器 IP 获取接口时，需要带上 access_token 参数，微信在接收到请求后会先判断该 access_token 的公众号是否具有获取微信服务器 IP 的接口权限。如果有，会返回查询的数据；如果没有，会返回该公众号无获取微信服务器 IP 接口的权限。

3. access_token 的特点

access_token 存储至少要保留 512 个字符空间。access_token 的有效期目前为 2 个小时，重复获取将导致上次获取的 access_token 失效。

4. access_token 的存储调用策略

access_token 在后期应用开发中应采取的策略，如图 6-1 所示。将 access_token 存储到中控服务器，所有需要用到该参数的程序都应访问中控服务器获取 access_token，中控服务器判断当前 access_token 是否有效并刷新即可。

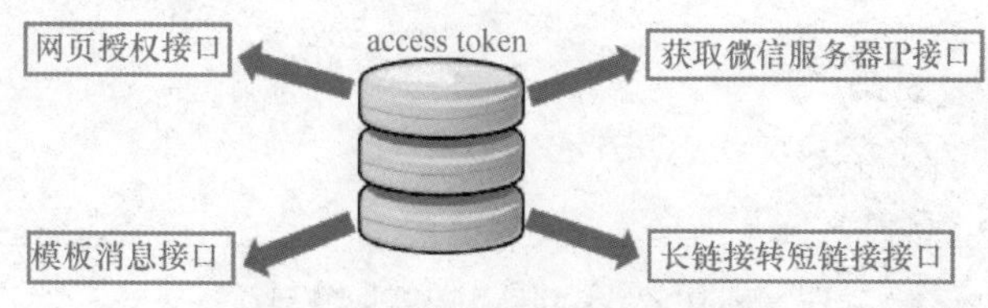

图 6-1　access_token 使用策略

6.1.2 获取 access_token 值

1. 接口说明

http 请求方式：GET

接口调用地址：https://api.weixin.qq.com/cgi-bin/token?grant_type=client_credential&appid=APPID&secret=APPSECRET

调用参数说明，如表 6-1 所示。

表 6-1 access_token 接口调用参数说明

参数	是否必需	说明
grant_type	是	获取 access_token 填写 client_credential
appid	是	第三方用户唯一凭证
secret	是	第三方用户唯一凭证密钥，即 appsecret

返回说明：

正常情况下，微信会返回 JSON 数据包给公众号：

{"access_token":"ACCESS_TOKEN","expires_in":7200}

返回参数说明，如表 6-2 所示。

表 6-2 access_token 接口返回参数说明

参数	说明
access_token	获取到的凭证
expires_in	凭证有效时间，单位（秒）

错误时微信会返回错误码等信息，JSON 数据包示例如下（该示例为 AppID 无效错误）：

{"errcode":40013,"errmsg":"invalid appid"}

2. 参数 AppId 和 AppSecret

获取 access_token 时会用到两个非常重要的参数，即 AppId 和 AppSecret。可在开发→基本配置中查看，如图 6-2 所示。

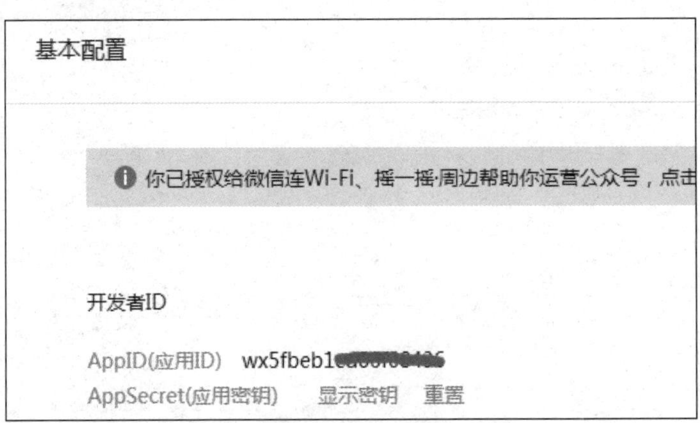

图 6-2 AppID 和 AppSecret

3. 获取 access_token

（1）使用官方的接口调试工具获取，如图 6-3 所示。

微信公众平台接口调试工具

此工具旨在帮助开发者检测调用【微信公众平台开发者API】时发送的请求参数是否正确，提交相关信息

使用说明：

（1）选择合适的接口。

（2）系统会生成该接口的参数表，您可以直接在文本框内填入对应的参数值。（红色星号表示该字段必填）

（3）点击检查问题按钮，即可得到相应的调试信息。

一、接口类型： 基础支持

二、接口列表： 获取access_token接口 /token 方法：GET

三、参数列表：

* grant_type： client_credential
获取access_token填写client_credential

* appid： wx78478e595939c538
填写appid
校验通过

* secret： 5540e8ccab4f71dfad752f73cfb8578
填写appsecret
校验通过

检查问题

图 6-3　网页调试工具 access_token 获取界面

单击“检查问题”按钮，得到图 6-4 所示界面，“access_token:”引号里的就是所需的 access_token 值。

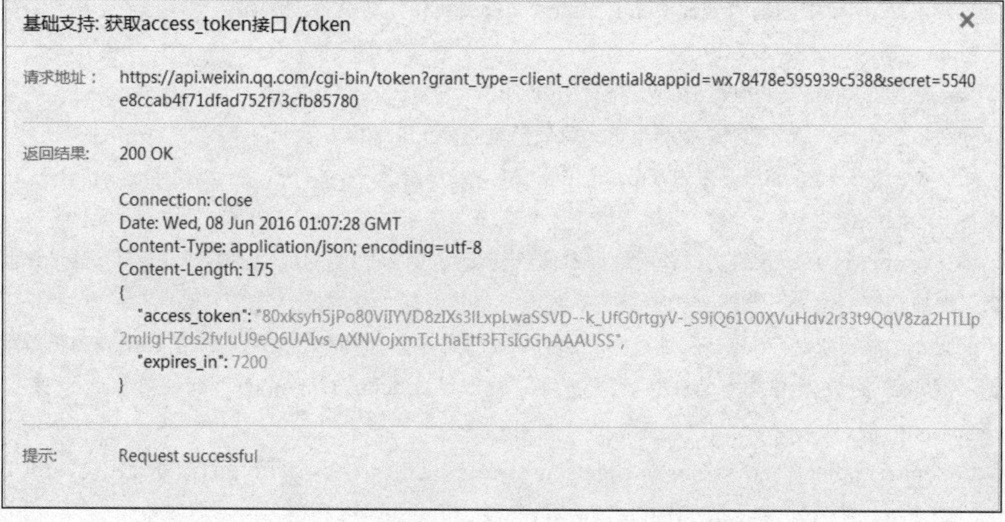

基础支持: 获取access_token接口 /token
请求地址： https://api.weixin.qq.com/cgi-bin/token?grant_type=client_credential&appid=wx78478e595939c538&secret=5540e8ccab4f71dfad752f73cfb85780
返回结果: 200 OK
Connection: close
Date: Wed, 08 Jun 2016 01:07:28 GMT
Content-Type: application/json; encoding=utf-8
Content-Length: 175
{
"access_token": "80xksyh5jPo80ViIYVD8zIXs3ILxpLwaSSVD--k_UfG0rtgyV-_S9iQ61O0XVuHdv2r33t9QqV8za2HTLIp2mligHZds2fvluU9eQ6UAIvs_AXNVojxmTcLhaEtf3FTsIGGhAAAUSS",
"expires_in": 7200
}
提示: Request successful

图 6-4　网页调试工具得到 access_token 值

（2）使用程序调用接口获取，代码如下。

```
<?php
/*
*获取微信token
*/
        require('wei_function.php');
        $appid="wx78478e595939c538";
        $secret="5540e8ccab4f71dfad752f73cfb85780";
        $url="https://api.weixin.qq.com/cgi-bin/token?grant_type=client_credential&appid=".$appid."
&secret=".$secret."";
        $output=getdata($url);
        $tokenarr=object_array(json_decode($output));
        echo $tokenarr['access_token'];

        function getdata($url)
        {
            $ch = curl_init();
            curl_setopt($ch, CURLOPT_URL, $url);
            curl_setopt($ch, CURLOPT_RETURNTRANSFER, 1);
            curl_setopt($ch, CURLOPT_SSL_VERIFYPEER, false);
            $output = curl_exec($ch);
            curl_close($ch);
            return $output;
        }
?>
```

✧ 代码解析

require('wei_function.php');

包含 4.2.2 小节中创建的 wei_function.php 文件，可使用该文件内的函数。

$appid="wx78478e595939c538";

$secret="5540e8ccab4f71dfad752f73cfb85780";

分别将公众号的 AppID 和 AppSecret 赋值给变量$appid 和$secret;

$url="https://api.weixin.qq.com/cgi-bin/token?grant_type=client_credential&appid=".$appid."&secret=".$secret."";

将获取 access_token 的接口调用地址赋值给变量$url，并替换网址中的参数 appid、secret 值分别为已经被赋值的$appid 与$secret;

getdata()是获取对应 URL 网址数据的函数，在所有参数都具备的情况下，用 getdata()函数获取数据，获取到的数据格式为 JSON。经过简单处理后，echo $tokenarr['access_token'];来打印 access_token 值。

$tokenarr=object_array(json_decode($output));这里用 object_array()函数处理出现 stdClass Object 的情况，使其变为正常的数组，该函数在 wei_function.php 文件中已创建。

效果如图 6-5 所示。

图 6-5　程序获取 access_token 值运行结果

为了方便，同样需要使用 getdata()这个函数的其他程序部分。将该函数放到 4.2.2 小节中创建的 wei_function.php 文件中，如图 6-6 所示。然后在需要使用 getdata()函数的程序页包含该 PHP 文件，最终代码如图 6-7 所示。

```
wei_function.php
<?php

function object_array(&$object)
{
    $object =  json_decode( json_encode( $object),true);
    return  $object;
}

function get_weather($city)
{
    $ch = curl_init();
    $url = 'http://apis.baidu.com/heweather/weather/free?city=' .$city.'';
    $header = array(
        'apikey: 7e88fa00122fd852613c4340d9cb430e',
    );
    curl_setopt($ch, CURLOPT_HTTPHEADER  , $header);
    curl_setopt($ch, CURLOPT_RETURNTRANSFER, 1);
    curl_setopt($ch , CURLOPT_URL , $url);
    $res = curl_exec($ch);
    return $res;
}

function getdata($url)
{
    $ch = curl_init();
    curl_setopt($ch, CURLOPT_URL, $url);
    curl_setopt($ch, CURLOPT_RETURNTRANSFER, 1);
    curl_setopt($ch, CURLOPT_SSL_VERIFYPEER, false);
    $output = curl_exec($ch);
    curl_close($ch);
    return $output;
}
?>
```

图 6-6　将 getdata()函数写入 wei_function.php 文件中

```
<?php
/*
 *获取微信token
*/
    //1.包含curl_method.php
    require('curl_method.php');
    $appid="wx78478e595939c538";
    $secret="5540e8ccab4f71dfad752f73cfb85780";
    //2.获取token地址，并替换$appid和$secret
    $url="https://api.weixin.qq.com/cgi-bin/token?grant_type=client_credential&appid=".$appid."&secret=".$secret."";
    //3.调用curl_method.php文件内的getdata()函数
    $output=getdata($url);
    //4.json_decode解码JSON数据转变为数组
    $token=json_decode($output);
    //输出数组
    //print_r($token);
    //5.输出access_token
    echo $token['access_token'];
?>
```

图 6-7　获取 access_token 值最终代码

将经常使用的函数放到一个文件中，在需要使用这些函数的程序页包含该 PHP 文件，然后直接调用该函数即可。

6.2 微信服务器 IP、长链接转短链接接口实例

本节的微信接口同样是微信公众平台中的基础接口，且都会使用到 access_token 参数。

极客学院
jikexueyuan.com

极客学院在线视频学习网址：
http://www.jikexueyuan.com/course/1946_2.html
手机扫描二维码

微信服务器 IP 及长链接转短链接接口调用

6.2.1 获取微信服务器 IP 地址实例

1. 接口介绍

如果公众号基于安全性等考虑，需要获知微信服务器的 IP 地址列表以便进行相关限制，就可以通过该接口获得微信服务器 IP 地址列表或者 IP 网段信息。

2. 实例调用

接口说明：

http 请求方式：GET

接口调用地址：https://api.weixin.qq.com/cgi-bin/getcallbackip?access_token=ACCESS_TOKEN

请求参数说明，如表 6-3 所示。

表 6-3 access_token 接口请求参数说明

参数	是否必需	说明
access_token	是	公众号的 access_token

返回说明：

正常情况下，微信会返回 JSON 数据包给公众号，如图 6-8 所示。

```
{
    "ip_list": [
        "127.0.0.1",
        "127.0.0.2",
        "101.226.103.0/25"
    ]
}
```

图 6-8 获取微信 IP 接口正确返回信息

返回信息参数说明，如表 6-4 所示。

表 6-4　获取微信 IP 接口返回信息说明

参数	说明
ip_list	微信服务器 IP 地址列表

使用程序调用接口获取，代码如下。

```
<?php
/*
 *获取微信服务器IP地址
*/
    require('wei_function.php');
    $appid="wx78478e595939c538";
    $secret="5540e8ccab4f71dfad752f73cfb85780";
    $url="https://api.weixin.qq.com/cgi-bin/token?grant_type=client_credential&appid=".$appid."&secret=
".$secret."";
    $output=getdata($url);
    $token=(array)json_decode($output);
    //获取到access_token参数
    $token=$token['access_token'];
    //获取微信服务器IP接口地址
    $ipurl="https://api.weixin.qq.com/cgi-bin/getcallbackip?access_token=".$token."";
    $iparr=(array)json_decode(getdata($ipurl));

    foreach ($iparr['ip_list'] as $key => $value) {
        echo $value."<br>";//用循环的方式打印IP集合
    }
?>
```

✧　代码解析

require('wei_function.php');包含 wei_function.php，使用 getdata()函数，获取到 access_token 后，继续替换$ipurl 值的 access_token 值；

$iparr=(array)json_decode(getdata($ipurl));通过 getdata()函数获取$ipurl 的数据，然后通过 json_decode 函数处理后，获取到$iparr。此时，该变量值为一个二维数组，如图 6-9 所示。

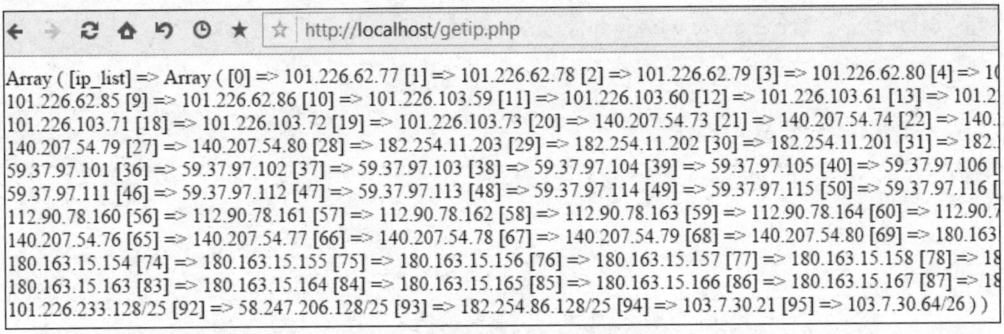

http://localhost/getip.php

Array ([ip_list] => Array ([0] => 101.226.62.77 [1] => 101.226.62.78 [2] => 101.226.62.79 [3] => 101.226.62.80 [4] => 1(
101.226.62.85 [9] => 101.226.62.86 [10] => 101.226.103.59 [11] => 101.226.103.60 [12] => 101.226.103.61 [13] => 101.2
101.226.103.71 [18] => 101.226.103.72 [19] => 101.226.103.73 [20] => 140.207.54.73 [21] => 140.207.54.74 [22] => 140.
140.207.54.79 [27] => 140.207.54.80 [28] => 182.254.11.203 [29] => 182.254.11.202 [30] => 182.254.11.201 [31] => 182.
59.37.97.101 [36] => 59.37.97.102 [37] => 59.37.97.103 [38] => 59.37.97.104 [39] => 59.37.97.105 [40] => 59.37.97.106 [
59.37.97.111 [46] => 59.37.97.112 [47] => 59.37.97.113 [48] => 59.37.97.114 [49] => 59.37.97.115 [50] => 59.37.97.116 [
112.90.78.160 [56] => 112.90.78.161 [57] => 112.90.78.162 [58] => 112.90.78.163 [59] => 112.90.78.164 [60] => 112.90.7
140.207.54.76 [65] => 140.207.54.77 [66] => 140.207.54.78 [67] => 140.207.54.79 [68] => 140.207.54.80 [69] => 180.163
180.163.15.154 [74] => 180.163.15.155 [75] => 180.163.15.156 [76] => 180.163.15.157 [77] => 180.163.15.158 [78] => 18
180.163.15.163 [83] => 180.163.15.164 [84] => 180.163.15.165 [85] => 180.163.15.166 [86] => 180.163.15.167 [87] => 18
101.226.233.128/25 [92] => 58.247.206.128/25 [93] => 182.254.86.128/25 [94] => 103.7.30.21 [95] => 103.7.30.64/26))

图 6-9　获取微信 IP 数组集合

需要的是数组中的[ip_list]，所以单独取出[ip_list]的数组集，并通过 foreach 循环出每一个微信服务器 IP。

```
foreach ($iparr['ip_list'] as $key => $value)
{
    echo $value."<br>";//用循环的方式打印IP集合
}
```

运行程序调用接口结果，如图 6-10 所示。

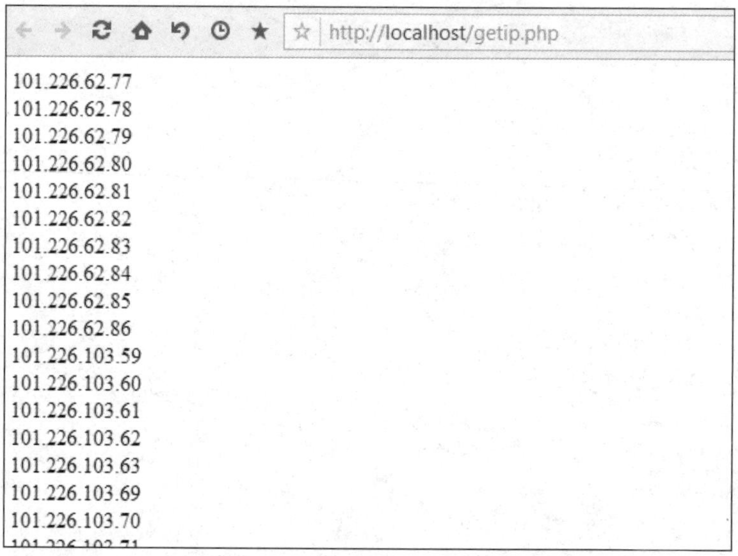

http://localhost/getip.php

101.226.62.77
101.226.62.78
101.226.62.79
101.226.62.80
101.226.62.81
101.226.62.82
101.226.62.83
101.226.62.84
101.226.62.85
101.226.62.86
101.226.103.59
101.226.103.60
101.226.103.61
101.226.103.62
101.226.103.63
101.226.103.69
101.226.103.70

图 6-10　获取微信 IP 最终效果

6.2.2　长链接转短链接接口调用实例

1. 接口介绍

即将一条长链接转成短链接。开发者用于生成二维码的原链接（商品、支付二维码等）太长导致扫码速度和成功率下降，将原长链接通过此接口转成短链接再生成二维码将大大提升扫码速度和成功率。

2. 实例调用

接口说明：

http 请求方式：GET

接口调用地址：https://api.weixin.qq.com/cgi-bin/shorturl?access_token=ACCESS_TOKEN

请求参数说明，如表 6-5 所示。

表 6-5　长链接转短链接请求参数说明

参数	是否必需	说明
access_token	是	调用接口凭证
action	是	此处填 long2short，代表长链接转短链接
long_url	是	需要转换的长链接，支持 http://、https://、weixin://wxpay 格式的 url

返回说明：

正常情况下，微信会返回 JSON 数据包给公众号，如下所示。

{"errcode":0,"errmsg":"ok","short_url":"http:\/\/w.url.cn\/s\/AvCo6Ih"}

返回信息参数说明，如表 6-6 所示。

表 6-6　长链接转短链接返回参数说明

参数	说明
errcode	错误码
errmsg	错误信息
short_url	短链接

使用程序调用接口获取，代码如下。

```
<?php
/*
 *微信长链接转短链接
*/
    require('wei_function.php');
    $appid="wx78478e595939c538";
    $secret="5540e8ccab4f71dfad752f73cfb85780";
    $url="https://api.weixin.qq.com/cgi-bin/token?grant_type=client_credential&appid=".$appid."&secret=
".$secret."";
    $output=getdata($url);
    $tokenarr=(array)json_decode($output);
    $token=$tokenarr['access_token'];
    $date='{"action":"long2short","long_url":"http://www.jikexueyuan.com/course/1578.html"}';
    $shorturl="https://api.weixin.qq.com/cgi-bin/shorturl?access_token=".$token."";
    $shortarr=(array)json_decode(getshort($date,$shorturl));
    echo $shortarr['short_url'];

    function sendcontent($date, $url)
    {
        $ch = curl_init();
        curl_setopt($ch, CURLOPT_URL, $url);
        curl_setopt($ch, CURLOPT_POSTFIELDS, $date);
        curl_setopt($ch, CURLOPT_SSL_VERIFYPEER, FALSE);
        curl_setopt($ch, CURLOPT_RETURNTRANSFER, true);
        $data = curl_exec($ch);
        curl_close($ch);
        return $data;
    }
?>
```

✧　代码解析

require('wei_function.php');包含 wei_function.php，使用 getdata()函数，获取到 access_token 后，我们需要将指定数据发送到对应网址服务器，然后获取服务器返回的数据。

$date='{"action":"long2short","long_url":"http://www.jikexueyuan.com/course/1578.html"}';为需要发送的数据，格式为 JSON，这里转换的一个长链接为
http://www.jikexueyuan.com/course/1578.html；

将数据发送到：$shorturl="https://api.weixin.qq.com/cgi-bin/shorturl?access_token=".$token."";

这里除了 getdata()函数外，还增加了一个 sendcontent()的函数。该函数与 getdata()不同的是，除向服务器发送链接请求外，还可以发送单独的数据到对方服务器，对方服务器再根据所发送的数据返回对应的结果。

同样将 sendcontent()函数写到 wei_function.php 文件中，此时 wei_function.php 文件内的函数分别有 object_array()、get_weather()、getdata()以及 sendcontent()，代码如下。

```
<?php

function object_array(&$object)
{
    $object =  json_decode( json_encode( $object),true);
    return  $object;
}

function get_weather($city)
{
    $ch = curl_init();
    $url = 'http://apis.baidu.com/heweather/weather/free?city='.$city.'';
    $header = array(
        'apikey: 7e88fa00122fd852613c4340d9cb430e',
    );
    curl_setopt($ch, CURLOPT_HTTPHEADER, $header);
    curl_setopt($ch, CURLOPT_RETURNTRANSFER, 1);
    curl_setopt($ch , CURLOPT_URL , $url);
    $res = curl_exec($ch);
    return $res;
}

function getdata($url)
{
    $ch = curl_init();
    curl_setopt($ch, CURLOPT_URL, $url);
    curl_setopt($ch, CURLOPT_RETURNTRANSFER, 1);
    curl_setopt($ch, CURLOPT_SSL_VERIFYPEER, false);
    $output = curl_exec($ch);
    curl_close($ch);
    return $output;
}

function sendcontent($date, $url)
{
    $ch = curl_init();
```

```
    curl_setopt($ch, CURLOPT_URL, $url);
    curl_setopt($ch, CURLOPT_POSTFIELDS, $date);
    curl_setopt($ch, CURLOPT_SSL_VERIFYPEER, FALSE);
    curl_setopt($ch, CURLOPT_RETURNTRANSFER, true);
    $data = curl_exec($ch);
    curl_close($ch);
    return $data;
}
?>
```

优化后的长链接转短链接，代码如下。

```
<?php
/*
 *微信长链接转短链接
*/
require('wei_function.php');
$appid="wx78478e595939c538";
$secret="5540e8ccab4f71dfad752f73cfb85780";
$url="https://api.weixin.qq.com/cgi-bin/token?grant_type=client_credential&appid=".$appid."&secret=
".$secret."";
$output=getdata($url);

$tokenarr=(array)json_decode($output);
$token=$tokenarr['access_token'];
//发送xml数据
$date='{"action":"long2short","long_url":"http://www.jikexueyuan.com/course/1578.html"}';
//长链接转短链接接口地址
$shorturl="https://api.weixin.qq.com/cgi-bin/shorturl?access_token=".$token."";
$shortarr=(array)json_decode(sendcontent($date,$shorturl));
echo $shortarr['short_url'];
?>
```

运行该文件，得到图 6-11 所示信息，此时长链接成功被转换为短链接。

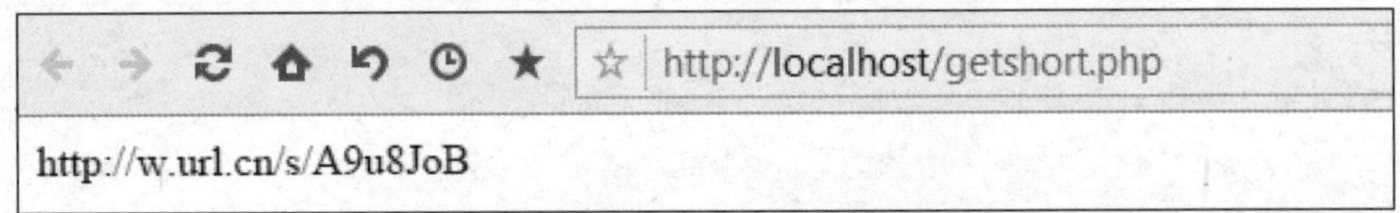

图 6-11　长链接转短链接接口调用最终效果

6.3　用户管理中常用接口调用实例及解析

微信中最基础也最重要的，就是粉丝。粉丝越多，意味着公众号能创造的价值越高，那么管理粉丝也就变得越重要。在微信服务号中，可以根据粉丝的不同，为每一个粉丝提供不同的个性化服务。管理粉丝就应掌握每一个粉丝；掌握粉丝第一步要将用户信息保存起来。本节内容为微信用户管理接口中常用接口的实例及解析。

极客学院
jikexueyuan.com

极客学院在线视频学习网址：
http://www.jikexueyuan.com/course/1946_3.html
手机扫描二维码

用户管理中常用接口调用实例及解析

6.3.1 获取微信关注用户列表接口调用实例

1. 接口介绍

掌握用户的第一步就是将已经关注的粉丝信息保存起来，这时就用到获取用户列表接口。公众号可通过本接口获取账号的关注列表，关注列表由一串 OpenID（加密后的微信号，每个用户对每个公众号的 OpenID 是唯一的）组成。一次拉取调用最多拉取 10000 个关注者的 OpenID，可以通过多次拉取的方式来满足需求。

2. 实例调用

接口说明：

http 请求方式：GET

接口调用地址：https://api.weixin.qq.com/cgi-bin/user/get?access_token=ACCESS_TOKEN&next_openid=NEXT_OPENID

请求参数说明，如表 6-7 所示。

表 6-7 请求参数说明

参数	是否必需	说明
access_token	是	调用接口凭证
next_openid	是	第一个拉取的 OPENID，不填默认从头开始拉取

返回说明：

正常情况下，微信会返回 JSON 数据包给公众号，如下所示。

```
{"total":2,"count":2,"data":{"openid":["","OPENID1","OPENID2"]},"next_openid":"NEXT_OPENID"}
```

返回信息参数说明，如表 6-8 所示。

表 6-8 返回信息参数说明

参数	说明
total	关注该公众账号的总用户数
count	拉取的 OPENID 个数，最大值为 10000
data	列表数据，OPENID 的列表
next_openid	拉取列表最后一个用户的 OPENID

使用程序调用接口获取，代码如下。

```
<?php
/*
 *获取微信关注用户列表OpenID
*/
    require('wei_function.php');
    $appid="wx78478e595939c538";
    $secret="5540e8ccab4f71dfad752f73cfb85780";
    $url="https://api.weixin.qq.com/cgi-bin/token?grant_type=client_credential&appid=".$appid."&secret=
".$secret."";

    $output=getdata($url);
    $tokenarr=(array)json_decode($output);
    $token=$tokenarr['access_token'];

    //获取关注用户列表接口
    $userurl="https://api.weixin.qq.com/cgi-bin/user/get?access_token=".$token."";
    //通过getdata进行接口调用
    $userarr=(array)json_decode(getdata($userurl));
    //将返回信息进行处理并输出
    $useropenidarr=(array)$userarr['data'];
    print_r($useropenidarr);
?>
```

✧ 代码解析

与前面的获取微信服务器 IP 一样，获取到 access_token 后，替换

```
$userurl="https://api.weixin.qq.com/cgi-bin/user/get?access_token=".$token."";
```

中的 access_token 参数，并通过 getdata()函数获取返回的信息，处理后进行打印，如图 6-12 所示。

图 6-12　获取微信关注用户列表效果

如果关注用户大于 10000，需多次调用，只需在接口后增加&next_openid=NEXT_OPENID 的参数，NEXT_OPENID 会在前一次调用时返回该值，如下所示。

```
$userurl="https://api.weixin.qq.com/cgi-bin/user/get?access_token=".$token."&next_openid=NEXT_OPENID"
;
```

6.3.2 用户基本信息接口（UnionID 机制）调用实例

1. 接口介绍

在通过获取关注用户列表接口获取到用户的 OpenID 后，可通过该参数并调用获取用户基本信息（UnionID 机制）接口获取用户的基本信息，如昵称、城市、性别、用户头像、是否关注公众号等。为了更好地了解用户，需要将这些信息一同保存到数据库中。

2. 实例调用

接口说明：

http 请求方式：GET

接口调用地址：https://api.weixin.qq.com/cgi-bin/user/info?access_token=ACCESS_TOKEN&openid=OPENID&lang=zh_CN

请求参数说明，如表 6-9 所示。

表 6-9　请求参数说明

参数	是否必需	说明
access_token	是	调用接口凭证
openid	是	普通用户的标识，对当前公众号唯一
lang	否	返回国家地区语言版本，zh_CN 简体，zh_TW 繁体，en 英语

返回说明：

正常情况下，微信会返回 JSON 数据包给公众号，如下所示。


```
{
    "subscribe": 1,
    "openid": "o6_bmjrPTlm6_2sgVt7hMZOPfL2M",
    "nickname": "Band",
    "sex": 1,
    "language": "zh_CN",
    "city": "广州",
    "province": "广东",
    "country": "中国",
    "headimgurl":
    "http://wx.qlogo.cn/mmopen/g3MonUZtNHkdmzicIlibx6iaFqAc56vxLSUfpb6n5WKSYVY0ChQKkia
JSgQ1dZuTOgvLLrhJbERQQ4eMsv84eavHiaiceqxibJxCfHe/0",
    "subscribe_time": 1382694957,
    "unionid": " o6_bmasdasdsad6_2sgVt7hMZOPfL"
    "remark": "",
    "groupid": 0,
    "tagid_list":[128,2]
}
```

返回信息参数说明，如表 6-10 所示。

表 6-10　返回信息参数说明

参数	说明
subscribe	用户是否订阅该公众号的标识，值为 0 时，代表此用户没有关注该公众号，拉取不到其余信息
openid	用户的标识，对当前公众号唯一
nickname	用户的昵称
sex	用户的性别，值为 1 时是男性，值为 2 时是女性，值为 0 时是未知
city	用户所在城市
country	用户所在国家
province	用户所在省份
language	用户的语言，简体中文为 zh_CN
headimgurl	用户的头像，最后一个数值代表正方形头像大小（有 0、46、64、96、132 数值可选，0 代表 640×640 正方形头像），用户没有头像时该项为空。若用户更换头像，原有头像 URL 将失效
subscribe_time	用户关注时间，为时间戳。如果用户曾多次关注，则取最后关注时间
unionid	只有在用户将公众号绑定到微信开放平台账号后，才会出现该字段
remark	公众号运营者对粉丝的备注，公众号运营者可在微信公众平台用户管理界面对粉丝添加备注
groupid	用户所在的分组 ID（兼容旧的用户分组接口）
tagid_list	用户被打上的标签 ID 列表

使用程序调用接口获取，代码如下。

```
<?php
/*
 *获取微信关注用户基本信息
*/
    require('wei_function.php');
    $appid="wx78478e595939c538";
    $secret="5540e8ccab4f71dfad752f73cfb85780";
    $url="https://api.weixin.qq.com/cgi-bin/token?grant_type=client_credential&appid=".$appid."&secret=
".$secret."";

    $output=getdata($url);
    $tokenarr=(array)json_decode($output);
    $token=$tokenarr['access_token'];

    //获取关注用户列表接口
```

```
    $userurl="https://api.weixin.qq.com/cgi-bin/user/get?access_token=".$token."";
    //通过getdata进行接口调用
    $userarr=(array)json_decode(getdata($userurl));
    //将返回信息进行处理并输出
    $useropenidarr=(array)$userarr['data'];

    foreach ($useropenidarr['openid'] as $value) {
        //循环获取用户基本信息
        $infourl="https://api.weixin.qq.com/cgi-bin/user/info?access_token=".$token."&openid=".$value.
"&lang=zh_CN";
        $infoarr=(array)json_decode(getdata($infourl));
        print_r($infoarr);
        echo "<br />";
    }
?>
```

✧ 代码解析

获取到用户 OpenID 列表后，根据每条 OpenID 获取用户基本信息，这里用到 foreach 循环。

```
foreach ($useropenidarr['openid'] as $value) {
    //循环获取用户基本信息
    $infourl="https://api.weixin.qq.com/cgi-bin/user/info?access_token=".$token."&openid=".$value."&lang
=zh_CN";
    $infoarr=(array)json_decode(getdata($infourl));
    print_r($infoarr);
    echo "<br />";
}
```

运行结果如图 6-13 所示。

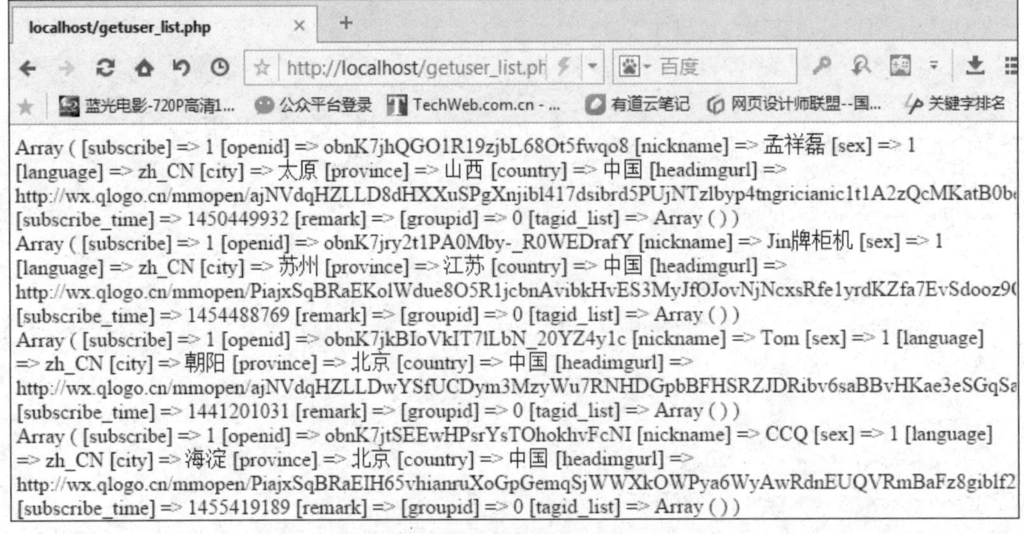

图 6-13　循环获取微信关注用户信息

如果需要将用户信息保存到数据库，只需替换 print_r($infoarr);为增加数据库的代码即可，如下所示。

```
foreach ($useropenidarr['openid'] as $value) {
    //循环获取用户基本信息
    $infourl="https://api.weixin.qq.com/cgi-bin/user/info?access_token=".$token."&openid=".$value."&lang
=zh_CN";
    $infoarr=(array)json_decode(getdata($infourl));
    //将用户信息增加到数据库
    $sql="insert into userinfo(nickname, sex, city) values
    ('".$infoarr['nickname']."','".$infoarr['sex']."','".$infoarr['city']."')";
    mysql_query($sql);
}
```

PART07

第7章 微信公众平台高级接口实例讲解

重点知识：

- 网页授权接口
- 带参数二维码
- 模板消息
- JSSDK
- 微信web开发者工具

■ 第 6 章讲解了微信公众平台的基础接口，相信大家已经对微信公众平台接口有了很好的认识。本章将讲解微信公众平台开发中的重中之重，也就是微信公众平台的高级接口。在五彩斑斓的微信世界中，这些接口起着举足轻重的作用。掌握了本章内容并举一反三，便可以轻松完成绝大多数的微信应用。

7.1 网页授权接口实例讲解

网页授权接口作为高级接口的第一节，在整个微信接口中的重要性可想而知。在微信开发的高级应用中几乎都会使用到此接口，因为通过此接口可以获取到用户的微信基本信息。其中 OpenID 作为用户的唯一标识，是微信应用中最常用到的参数之一。

极客学院
jikexueyuan.com

极客学院在线视频学习网址：
http://www.jikexueyuan.com/course/2099_1.html
手机扫描二维码

网页授权接口实例讲解

7.1.1 网页授权接口介绍

1. 网页授权接口的作用

开发者通过网页授权接口，可获取到用户的基本信息，包括 OpenID、昵称、用户资料填写的省份、城市、国家以及头像地址，以实现业务逻辑。

与用户管理的“获取用户信息”接口相比，同样都是获取用户基本信息的功能，但用户管理中的“获取用户信息”接口用户必须关注公众号才可调用成功，而网页授权接口用户无须关注公众号就可以正常获取到用户信息。

2. 网页授权接口模式介绍

微信公众平台网页授权接口有两种模式，分别是 scope 为 snsapi_base 模式与 scope 为 snsapi_userinfo 模式。根据微信应用的不同需求会用到不同的模式，两种模式各有利弊。

（1）以 snsapi_base 为 scope 发起的网页授权。

- 优点：静默授权，直接跳转至回调页，不会弹出“确认登录”页面，用户感知较好。
- 缺点：仅可获取到用户的 OpenID，在需要获取其他用户信息时不适用。

（2）以 snsapi_userinfo 为 scope 发起的网页授权。

- 优点：除用户 OpenID 外，还可以获取到用户的昵称、用户资料填写的省份、城市、国家以及头像地址。
- 缺点：用户进入页面时会弹出“确认登录”也就是同意授权的页面，单击“确认登录”按钮后才会跳转到回调页，用户感知较差。

请注意：对于已关注公众号的用户，如果从公众号的会话或者自定义菜单进入本公众号的网页授权页，即使是 scope 为 snsapi_userinfo，也是静默授权，用户无感知。

3. 数据传输流程解析

以 snsapi_base 为 scope 发起的网页授权，当用户进入使用网页授权的网页时，会带上 code 参数。通过该参数并调用接口，可获取到一个特殊的 access_token 以及用户的 OpenID，程序可根据业务需求继续运行，具体流程如图 7-1 所示。

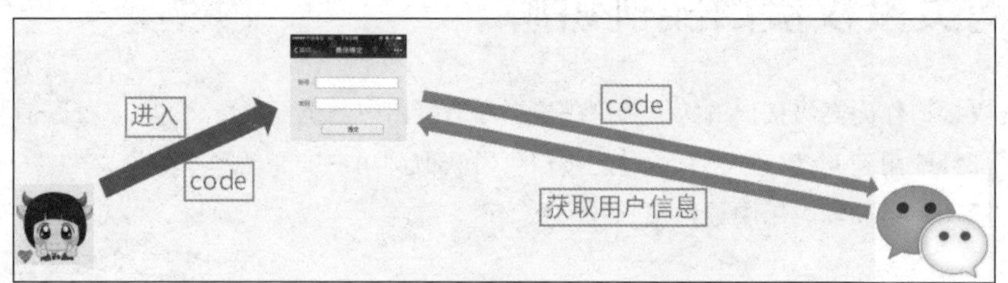

图 7-1　scope 为 snsapi_base 时数据传输流程

以 snsapi_userinfo 为 scope 发起的网页授权与以 snsapi_base 为 scope 发起的网页授权不同的是，首先会进入“确认登录”也就是授权页面，用户同意授权后，会跳转到回调页，并带上 code 参数。通过该参数并调用接口，可获取到一个特殊的 access_token 以及用户的 OpenID。此时，scope 为 snsapi_userinfo 时，即可通过 access_token 和 OpenID 获取用户的基本信息。

在以上流程中，需注意以下几点。

（1）获取到的特殊 access_token 与 6.1 节中的 access_token 不同，6.1 节中的 access_token 用于调用其他接口，此处的 access_token 用于以 snsapi_userinfo 为 scope 发起的网页授权获取用户的基本信息。

（2）code 作为换取 access_token 的票据，每次用户授权带上的 code 将不同，code 只能使用一次，5 分钟未被使用将自动过期。

（3）由于公众号的 secret 和获取到的 access_token 安全级别都非常高，必须只保存在服务器，不允许传给客户端。后续刷新 access_token、通过 access_token 获取用户信息等步骤，也必须从服务器发起。

（4）由于授权操作安全等级较高，所以在发起授权请求时，微信会对授权链接做正则强匹配校验。如果链接的参数顺序不对，授权页面将无法正常访问。

4. 网页授权接口注意事项

（1）网页授权接口暂时只支持认证后的服务号调用。

（2）在微信公众号调用用户网页授权接口之前，开发者需要先到公众平台官网中的“开发 → 接口权限→网页服务→网页账号→网页授权获取用户基本信息”的配置选项中配置授权回调域名，如图 7-2 所示。请注意：这里填写的是域名（是一个字符串），而不是 URL，因此请勿加 http://等协议头。

设置
公众号设置
微信认证
安全中心
违规记录
开发
基本配置
开发者工具
运维中心
接口权限

功能服务	多客服	客服管理	详情	已获得	
		会话控制	详情	已获得	
	微信支付	微信支付接口	-	已获得	
	微信小店	微信小店接口	-	已获得	
	微信卡包	微信卡包接口	-	已获得	
	设备功能	设备功能接口	-	已获得	
	网页账号	网页授权获取用户基本信息	无上限	已获得	修改
	基础接口	判断当前客户端版本是否支持指定JS接口	无上限	已获得	
		获取jsapi_ticket	9/1000000	已获得	
		获取“分享到朋友圈”按钮点击状态及自定义分享内容接口	无上限	已获得	

图 7-2　进入配置授权回调域名页

（3）授权回调域名配置规范为全域名，比如需要网页授权的域名为：www.jikexueyuan.com，如图 7-3 所示。配置以后此域名下面的页面 http://www.jikexueyuan.com/zhiye/python、http://www.jikexueyuan.com/course/都可以进行 OAuth2.0 鉴权，但 http://wenda.jikexueyuan.com/、http://wiki.jikexueyuan.com/、http://jikexueyuan.com 无法进行 OAuth2.0 鉴权。

（4）回调页面域名需使用字母、数字及“-”的组合，不支持 IP 地址、端口号及短链。填写的域名需与实际回调 URL 中的域名相同，且须通过 ICP 备案的验证。

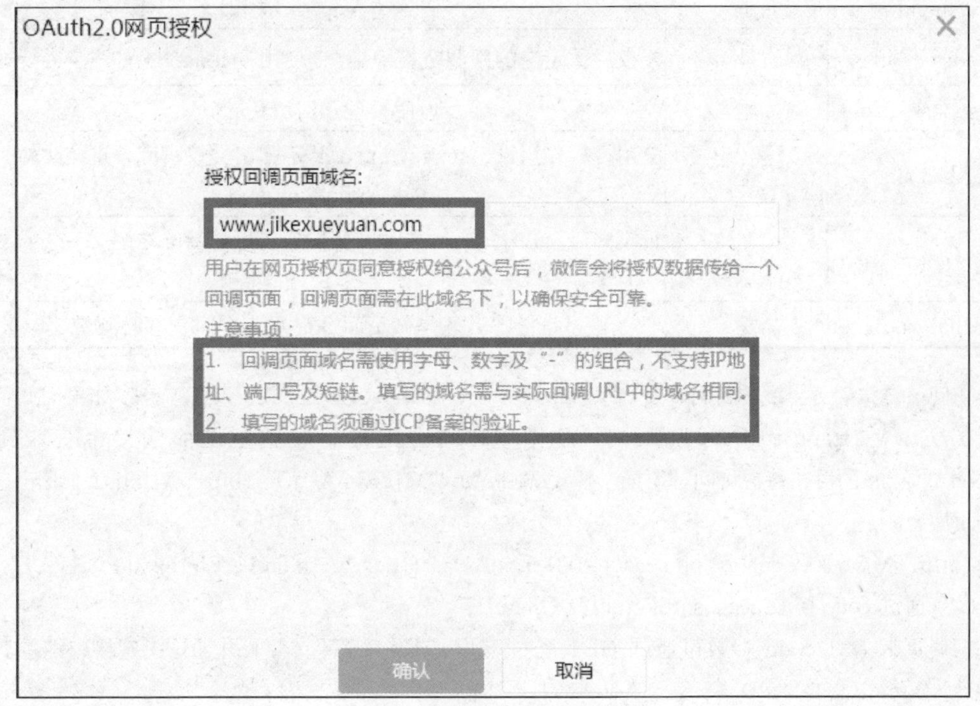

图 7-3 配置授权回调域名

（5）网页授权获取用户基本信息也遵循 UnionID 机制。即如果开发者有在多个公众号或在公众号、移动应用之间统一用户账号的需求，需要先前往微信开放平台（open.weixin.qq.com）绑定公众号，才可利用 UnionID 机制来满足上述需求。

（6）UnionID 机制的作用说明：如果开发者拥有多个移动应用、网站应用和公众账号，可通过获取用户基本信息中的 UnionID 来区分用户的唯一性。因为同一用户，对同一个微信开放平台下的不同应用（移动应用、网站应用和公众账号），UnionID 是相同的。

7.1.2 scope 为 snsapi_base 时调用实例

1. 步骤

（1）获取 code。

在确保微信公众账号拥有授权作用域 scope 参数为 snsapi_base 的前提下，引导微信用户打开如下格式页面。

https://open.weixin.qq.com/connect/oauth2/authorize?appid=APPID&redirect_uri=REDIRECT_URI&response_type=code&scope=snsapi_base&state=STATE#wechat_redirect

若提示“该链接无法访问”，请检查参数是否填写错误，以及是否拥有 scope 参数对应的授权作用域权限。

参数说明，如表 7-1 所示。

表 7-1　scope 为 snsapi_base 时接口调用参数说明

参数	是否必需	说明
appid	是	公众号的唯一标识
redirect_uri	是	授权后重定向的回调链接地址，请使用 urlencode 对链接进行处理
response_type	是	返回类型，请填写 code
scope	是	应用授权作用域，snsapi_base （不弹出授权页面，直接跳转，只能获取用户 openid）
state	否	重定向后会带上 state 参数，开发者可以填写 a-zA-Z0-9 的参数值，最多 128 字节
#wechat_redirect	是	无论是直接打开还是做页面 302 重定向时，都必须带此参数

访问该链接后，会跳转到回调页，即 redirect_uri/?code=CODE&state=STATE。如果回调页是“http://www.xxx.qq/test.php”，code 是微信自动分配的，也就是上面链接中获取到的 response_type 的值，每次访问都不同。假设 code 为“031cEhnA1qGrf10uzzoA1n3jnA1cEhn1”，回调页即为：

“http://www.xxx.qq/test.php/?code=031cEhnA1qGrf10uzzoA1n3jnA1cEhn1&state=STATE”。

（2）通过 code 换取 access_token 以及 OpenID。

回调页带上的 code 参数可通过 GET 方式获取，即$_GET['code'];并通过指定接口地址获取 access_token 以及 OpenID。

接口调用地址：https://api.weixin.qq.com/sns/oauth2/access_token?appid=APPID&secret=SECRET&code=CODE&grant_type=authorization_code

调用参数说明，如表 7-2 所示。

表 7-2　获取 access_token 以及 OpenID 调用参数说明

参数	是否必需	说明
appid	是	公众号的唯一标识
secret	是	公众号的 appsecret
code	是	填写第一步获取的 code 参数
grant_type	是	填写为 authorization_code

返回说明：

正常情况下，微信会返回 JSON 数据包给公众号：

```
{ "access_token":"ACCESS_TOKEN",
 "expires_in":7200,
```

```
"refresh_token":"REFRESH_TOKEN",
"openid":"OPENID",
"scope":"SCOPE" }
```

返回参数说明，如表 7-3 所示。

表 7-3 返回参数说明

参数	说明
access_token	网页授权接口调用凭证，请注意：此 access_token 与基础支持的 access_token 不同
expires_in	access_token 接口调用凭证超时时间，单位（秒）
refresh_token	用户刷新 access_token
openid	用户唯一标识，请注意：在未关注公众号时，用户访问公众号的网页也会产生一个用户和公众号唯一的 OpenID
scope	用户授权的作用域，使用逗号（,）分隔

错误时，微信会返回 JSON 数据包如下（示例为 Code 无效错误）。

```
{"errcode":40029,"errmsg":"invalid code"}
```

2. 程序

scope 为 snsapi_base 时调用实例代码如下。

```
<?php
/*
以snsapi_base为scope发起的网页授权
获取access_token,openid
*/
require('wei_function.php');
$appid="wx78478e595939c538";
$secret="5540e8ccab4f71dfad752f73cfb85780";
$code=$_GET['code'];
$OAuthurl="https://api.weixin.qq.com/sns/oauth2/access_token?appid=".$appid."&secret=".$secret."&code="
.$code."&grant_type=authorization_code";
$OAuthinfo=json_decode(getdata($OAuthurl),true);
//print_r($OAuthinfo);
$access_token=$OAuthinfo['access_token'];
$openid=$OAuthinfo['openid'];

echo "获取到的access_token:<br />".$access_token."<br />";
echo "获取到的用户openid:<br />".$openid;
?>
```

✧ 代码解析

require('wei_function.php')；包含 wei_function.php 函数文件。

$appid="wx78478e595939c538";

$secret="5540e8ccab4f71dfad752f73cfb85780";

分别将公众号的 AppID 和 AppSecret 赋值给变量$appid 和$secret。

```
$OAuthurl="https://api.weixin.qq.com/sns/oauth2/access_token?appid=".$appid."&secret=".
$secret."&code=".$code."&grant_type=authorization_code";
$OAuthinfo=json_decode(getdata($OAuthurl),true);
$access_token=$OAuthinfo['access_token'];
$openid=$OAuthinfo['openid'];
```

将接口地址中的 appid、secret 和 code 参数替换，并通过 getdata()函数（该函数在 wei_function.php 文件中，包含后可直接被使用）请求该接口地址，并将返回的 JSON 数据通过 json_decode()函数处理为数组，之后单独输出 access_token 和 openid。

访问该程序的网址为：

https://open.weixin.qq.com/connect/oauth2/authorize?appid=wx78478e595939c538&redirect_uri=http://www.xxx.com/OAuth2.0.php&response_type=code&scope=snsapi_base&state=STATE#wechat_redirect

appid 为公众号的 appid，且需与上面$appid 的值相同，否则会提示{"errcode":40029,"errmsg":"invalid code, hints: [req_id: z3H9UA0717ns83]"}这样的错误信息，其代表的意思是不合法的 oauth_code。

OAuth2.0.php 为该程序文件。

运行效果如图 7-4 所示。

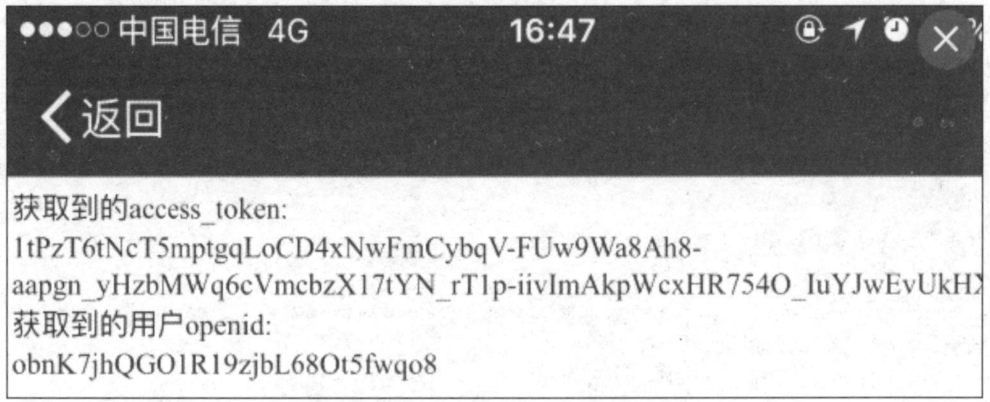

图 7-4 以 scope 为 snsapi_base 发起的网页授权获取 access_token 及 openid

7.1.3 scope 为 snsapi_userinfo 时调用实例

（1）获取 code。

在确保微信公众账号拥有授权作用域 scope 参数为 snsapi_userinfo 的前提下，引导微信用户打开如下格式页面。

https://open.weixin.qq.com/connect/oauth2/authorize?appid=APPID&redirect_uri=REDIRECT_URI&response_type=code&scope=snsapi_userinfo&state=STATE#wechat_redirect

若提示“该链接无法访问”，请检查参数是否填写错误，以及是否拥有 scope 参数对应的授权作用域权限。

该链接格式与以 snsapi_userinfo 为 scope 发起的网页授权仅仅是 scope 不同，其余相同。

调用参数说明，如表 7-4 所示。

表 7-4　scope 为 snsapi_userinfo 时接口调用参数说明

参数	是否必需	说明
appid	是	公众号的唯一标识
redirect_uri	是	授权后重定向的回调链接地址，请使用 urlencode 对链接进行处理
response_type	是	返回类型，请填写 code
scope	是	应用授权作用域，snsapi_userinfo（弹出授权页面，可通过 openid 拿到昵称、性别、所在地。并且即使在未关注的情况下，只要用户授权，也能获取其信息）
state	否	重定向后会带上 state 参数，开发者可以填写 a-zA-Z0-9 的参数值，最多 128 字节
#wechat_redirect	是	无论是直接打开还是做页面 302 重定向时，都必须带此参数

（2）通过 code 换取 access_token 以及 OpenID。

该步骤与 scope 为 snsapi_base 发起的网页授权流程一致，参考其调用方法即可。

（3）刷新 access_token（如果需要）。

由于 access_token 拥有较短的有效期，当 access_token 超时后，可以使用 refresh_token 进行刷新。refresh_token 有效期为 30 天，失效之后需要用户重新授权。

refresh_token 参数在（2）中与 access_token 和 OpenID 一同获取，获取代码为$refresh_token=$OAuthinfo['refresh_token'];。

接口调用地址：https://api.weixin.qq.com/sns/oauth2/refresh_token?appid=APPID&grant_type=refresh_token&refresh_token=REFRESH_TOKEN

调用参数说明，如表 7-5 所示。

表 7-5　刷新 access_token 接口调用参数说明

参数	是否必需	说明
appid	是	公众号的唯一标识
grant_type	是	填写为 refresh_token
refresh_token	是	填写通过 access_token 获取到的 refresh_token 参数

返回说明：

正常情况下，微信会返回 JSON 数据包给公众号：

```
{ "access_token":"ACCESS_TOKEN",
 "expires_in":7200,
```

```
"refresh_token":"REFRESH_TOKEN",
"openid":"OPENID",
"scope":"SCOPE" }
```

返回参数说明，如表 7-6 所示。

表 7-6　刷新 access_token 接口返回参数说明

参数	说明
access_token	网页授权接口调用凭证，请注意：此 access_token 与基础支持的 access_token 不同
expires_in	access_token 接口调用凭证超时时间，单位（秒）
refresh_token	用户刷新 access_token
openid	用户的唯一标识
scope	用户授权的作用域，使用逗号（，）分隔

错误时，微信会返回 JSON 数据包如下（示例为 code 无效错误）。

```
{"errcode":40029,"errmsg":"invalid code"}
```

调用代码如下。

```
<?php
/*
以snsapi_base为scope发起的网页授权
获取access_token,openid
*/
require('wei_function.php');
$appid="wx78478e595939c538";
$secret="5540e8ccab4f71dfad752f73cfb85780";
$code=$_GET['code'];
$OAuthurl="https://api.weixin.qq.com/sns/oauth2/access_token?appid=".$appid."&secret=".$secret."&code="
.$code."&grant_type=authorization_code";
$OAuthinfo=json_decode(getdata($OAuthurl),true);
//print_r($OAuthinfo);
$refresh_token=$OAuthinfo['refresh_token'];

$refresh_url="https://api.weixin.qq.com/sns/oauth2/refresh_token?appid=".$appid."&grant_type=refresh_toke
n&refresh_token=".$refresh_token."";
$refresh_info=json_decode(getdata($refresh_url),true);
//print_r($refresh_info);
$refresh_info['access_token'];
echo "刷新后的access_token为：<br />".$refresh_info['access_token'];
?>
```

✧　代码解析

require('wei_function.php');包含前面章节创建的 wei_function.php 函数文件。

$appid="wx78478e595939c538";

$secret="5540e8ccab4f71dfad752f73cfb85780";

分别将公众号的 AppID 和 AppSecret 赋值给变量$appid 和$secret；

$OAuthurl="https://api.weixin.qq.com/sns/oauth2/access_token?appid=".$appid."&secret=".$secret."&code=".$code."&grant_type=authorization_code";

$OAuthinfo=json_decode(getdata($OAuthurl),true);

$refresh_token=$OAuthinfo['refresh_token'];获取到 refresh_token 参数值，该参数为刷新 access_token 的重要参数。

$refresh_url="https://api.weixin.qq.com/sns/oauth2/refresh_token?appid=".$appid."&grant_type=refresh_token&refresh_token=".$refresh_token."";刷新 access_token 接口地址，替换 appid 与 refresh_token 参数。

$refresh_info=json_decode(getdata($refresh_url),true);

//print_r($refresh_info);输出全部数组，已注释，调试所用。

$refresh_info['access_token'];

echo "刷新后的 access_token 为：
".$refresh_info['access_token'];

getdata()函数（该函数在 wei_function.php 文件中，包含后可直接被使用）请求接口，并将返回的 JSON 数据通过 json_decode()函数处理为数组，然后单独获取刷新后的 access_token 值并输出。

（4）拉取用户信息。

获取到 access_token、与用户的 OpenID 后，就可以通过接口获取用户基本信息，接口调用地址如下。

https://api.weixin.qq.com/sns/userinfo?access_token=ACCESS_TOKEN&openid=OPENID&lang=zh_CN

调用参数说明，如表 7-7 所示。

表 7-7 拉取用户信息调用参数说明

参数	说明
access_token	网页授权接口调用凭证，请注意：此 access_token 与基础支持的 access_token 不同
openid	用户的唯一标识
lang	返回国家地区语言版本，zh_CN 简体，zh_TW 繁体，en 英语

返回说明：

正确时，返回的 JSON 数据包如下。

```
{ "openid":" OPENID",
 " nickname": NICKNAME,
 "sex":"1",
 "province":"PROVINCE"
 "city":"CITY",
 "country":"COUNTRY",
 "headimgurl":
"http://wx.qlogo.cn/mmopen/g3MonUZtNHkdmzicIlibx6iaFqAc56vxLSUfpb6n5WKSYVY0ChQKkiaJSgQ1dZuTOgvLLrhJbERQQ
4eMsv84eavHiaiceqxibJxCfHe/46",
"privilege":[ "PRIVILEGE1" "PRIVILEGE2"],
```

```
"unionid": "o6_bmasdasdsad6_2sgVt7hMZOPfL"
}
```

返回参数说明，如表 7-8 所示。

表 7-8　拉取用户信息接口返回参数说明

参数	说明
openid	用户的唯一标识
nickname	用户昵称
sex	用户的性别，值为 1 时是男性，值为 2 时是女性，值为 0 时是未知
province	用户个人资料填写的省份
city	普通用户个人资料填写的城市
country	国家，如中国为 CN
headimgurl	用户的头像，最后一个数值代表正方形头像大小（有 0、46、64、96、132 数值可选，0 代表 640 像素 × 640 像素的正方形头像），用户没有头像时该项为空。若用户更换头像，原有头像 URL 将失效
privilege	用户的特权信息，json 数组，如微信沃卡用户为（chinaunicom）
unionid	只有在用户将公众号绑定到微信开放平台账号后，才会出现该字段

错误时，微信会返回 JSON 数据包如下（示例为 openid 无效）。

```
{"errcode":40003,"errmsg":" invalid openid "}
```

调用代码如下。

```
<?php
/*
以snsapi_base为scope发起的网页授权
获取access_token,openid
*/
require('wei_function.php');
$appid="wx78478e595939c538";
$secret="5540e8ccab4f71dfad752f73cfb85780";
$code=$_GET['code'];
$OAuthurl="https://api.weixin.qq.com/sns/oauth2/access_token?appid=".$appid."&secret=".$secret."&code="
.$code."&grant_type=authorization_code";
$OAuthinfo=json_decode(getdata($OAuthurl),true);
//print_r($OAuthinfo);
$access_token=$OAuthinfo['access_token'];
$openid=$OAuthinfo['openid'];

$user_url="https://api.weixin.qq.com/sns/userinfo?access_token=".$access_token."&openid=".$openid."&lan
g=zh_CN";
$user_info=json_decode(getdata($user_url),true);
//print_r($user_info);
echo "OpenID:".$user_info['openid'];
echo "<br />";
```

```
echo "昵称:".$user_info['nickname'];
echo "<br />";
echo "性别:".$user_info['sex'];
echo "<br />";
echo "资料填写城市:".$user_info['city'];
echo "<br />";
echo "资料填写省份:".$user_info['province'];
echo "<br />";
echo "资料填写国家:".$user_info['country'];
echo "<br />";
echo "用户头像地址:".$user_info['headimgurl'];
echo "<br />";
echo "unionid:".$user_info['unionid'];
?>
```

✧ 代码解析

在 scope 为 snsapi_base 发起的网页授权获取到 access_token 及 OpenID 后，调用接口获取基本信息。

```
$user_url="https://api.weixin.qq.com/sns/userinfo?access_token=".$access_token."&openid=".$openid."&lang=zh_CN";
$user_info=json_decode(getdata($user_url),true);
//print_r($user_info);输出全数组，调试所用。
```

替换掉接口地址中的 access_token 与 openid 参数并通过 getdata()参数请求，将返回的 JSON 数据通过 json_decode()函数处理为数组。

```
echo "OpenID:".$user_info['openid'];
echo "<br />";
echo "昵称:".$user_info['nickname'];
echo "<br />";
echo "性别:".$user_info['sex'];
echo "<br />";
echo "资料填写城市:".$user_info['city'];
echo "<br />";
echo "资料填写省份:".$user_info['province'];
echo "<br />";
echo "资料填写国家:".$user_info['country'];
echo "<br />";
echo "用户头像地址:".$user_info['headimgurl'];
echo "<br />";
echo "unionid:".$user_info['unionid'];
```

以此获取并输出用的 OpenID、昵称、性别、资料填写城市、资料填写省份、资料填写国家、用户头像地址以及 unionid。

程序运行效果如图 7-5 所示。

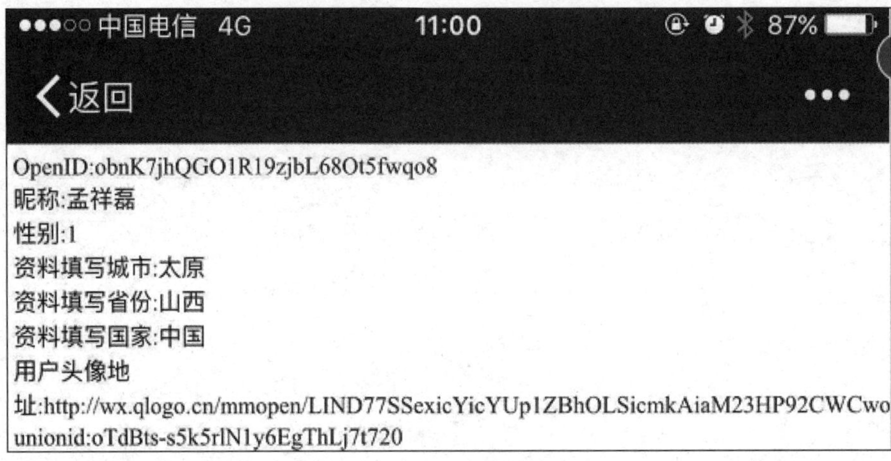

图 7-5 scope 为 snsapi_userinfo 发起的网页授权获取用户基本信息

7.2 带参数二维码介绍及实例讲解

微信公众平台带参数二维码接口，可以将关注的粉丝划分归类。如中国银行每个支行的二维码都不同，对于用户而言扫码之后都是在关注公众号，对于公众号运营者而言是不同的。因为每个二维码参数不同，所以可以区分该用户是通过哪个支行关注的平台，以便后期有针对性地营销与维系用户。

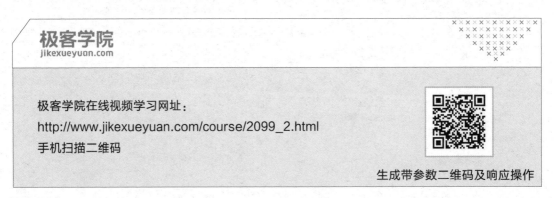

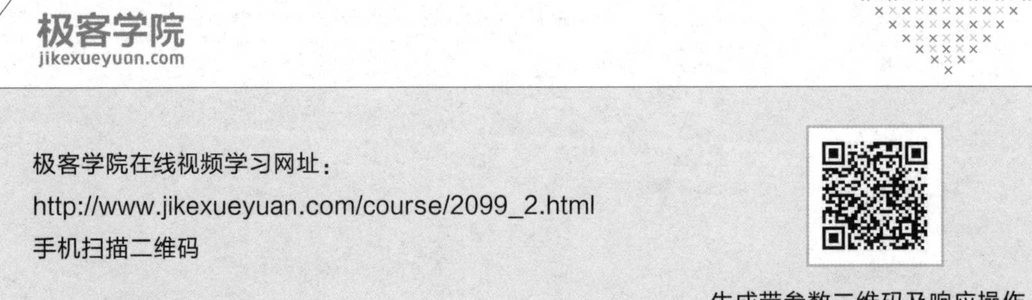

极客学院
jikexueyuan.com
极客学院在线视频学习网址：
http://www.jikexueyuan.com/course/2099_2.html
手机扫描二维码
生成带参数二维码及响应操作

7.2.1 带参数二维码介绍

1. 介绍

为了满足用户渠道推广分析和用户账号绑定等场景的需要，使用该接口可以获得多个带不同场景值的二维码。用户扫描后，公众号可以接收到事件推送。不同值的参数二维码，用户扫描后的响应也可以不同。

2. 使用场景

（1）对用户进行渠道划分，比如同一品牌的超市有多家，识别该用户是通过哪家超市的二维码关注的平台。

案例：公司要推广公众平台，根据各渠道存量用户进行了任务分配，推广结束后根据各渠道推广量进行考核。小王为了实现这样的需求，为每个渠道生成了参数二维码并进行分发，通知各渠道使用自己的专属二维码引导用户扫码关注平台。

（2）除区分关注渠道外，扫描的二维码不同，用户接收到的信息也不同，而用户扫码后关注的是同一个公众号。如当用户在某个超市扫描二维码时，关注平台后接收到的是该超市的打折信息；在其他该品牌超市扫码，接收到的是其他超市个性化的活动信息。

3．类型

（1）临时二维码。

有过期时间，当前最长可以设置为在二维码生成后的 30 天（即 2592000 秒）后过期，但能够生成较多数量。临时二维码主要用于账号绑定等不要求二维码永久保存的业务场景。

（2）永久二维码。

无过期时间，但数量较少（目前为最多 10 万个）。永久二维码主要用于账号绑定、用户来源统计等场景。

4．接收响应

（1）用户未关注公众号。

如果用户还未关注公众号，则用户可以关注公众号，关注后微信会将带场景值关注事件推送给开发者。

（2）用户已关注公众号。

如果用户已经关注公众号，在用户扫描后会自动进入会话，微信也会将带场景值扫描事件推送给开发者。

7.2.2 生成带参数二维码

（1）创建二维码 ticket。

临时二维码请求说明：

http 请求方式：POST

接口调用地址：https://api.weixin.qq.com/cgi-bin/qrcode/create?access_token=TOKENPOST

数据格式：json

POST 数据示例：

```
{
    "expire_seconds": 604800,
    "action_name": "QR_SCENE",
    "action_info": {
        "scene": {
            "scene_id": 100000
        }
    }
}
```

永久二维码请求说明：

http 请求方式：POST

接口调用地址：https://api.weixin.qq.com/cgi-bin/qrcode/create?access_token=TOKENPOST

数据格式：json

POST 数据例子：

```
{
    "action_name": "QR_LIMIT_SCENE",
    "action_info": {
        "scene": {
            "scene_id": 1000
        }
    }
}
```

请求参数说明，如表 7-9 所示。

表 7-9　创建 ticket 请求参数说明

参数	说明
expire_seconds	该二维码有效时间，以秒为单位。最大不超过 2592000（即 30 天），此字段如果不填，则默认有效期为 30 秒
action_name	二维码类型，QR_SCENE 为临时，QR_LIMIT_SCENE 为永久，QR_LIMIT_STR_SCENE 为永久的字符串参数值
action_info	二维码详细信息
scene_id	场景值 ID，临时二维码时为 32 位非 0 整型，永久二维码时最大值为 100000（目前参数只支持 1～100000）
scene_str	场景值 ID（字符串形式的 ID），字符串类型，长度限制为 1～64，仅永久二维码支持此字段

返回说明：

正确的 JSON 返回结果：

```
{
    "ticket":"gQGb8DoAAAAAAAAAASxodHRwOi8vd2VpeGluLnFxLmNvbS9xL1hYVmpyWm5scGp6ZjFyM1
hPbHVxAAIE0qiVVwMEgDoJAA==",
    "expire_seconds":604800,
    "url":"http:\/\/weixin.qq.com\/q\/XXVjrZnlpjzf1r3XOluq"
}
```

返回参数说明，如表 7-10 所示。

表 7-10　创建 ticket 返回参数说明

参数	说明
ticket	获取的二维码 ticket，凭借此 ticket 可以在有效时间内换取二维码
expire_seconds	该二维码有效时间，以秒为单位。最大不超过 2592000 秒（即 30 天）
url	二维码图片解析后的地址，开发者可根据该地址自行生成需要的二维码图片

以临时二维码为例，调用代码如下。

```
<?php

/*
 *微信带参数二维码创建ticket
*/
require('wei_function.php');
$appid="wx78478e595939c538";
$secret="5540e8ccab4f71dfad752f73cfb85780";
$url="https://api.weixin.qq.com/cgi-bin/token?grant_type=client_credential&appid=".$appid."&secret=".$secret."";
$output=getdata($url);

$tokenarr=object_array(json_decode($output));
$token=$tokenarr['access_token'];
//发送xml数据
$data='
{
        "expire_seconds": 604800,
        "action_name": "QR_SCENE",
        "action_info": {
               "scene": {
                      "scene_id": 100000
               }
        }
}';

$ticketurl="https://api.weixin.qq.com/cgi-bin/qrcode/create?access_token=".$token."";
$ticketarr=object_array(json_decode(sendcontent($data,$ticketurl)));
print_r($ticketarr);
?>
```

✧ 代码解析

```
require('wei_function.php');
$appid="wx78478e595939c538";
$secret="5540e8ccab4f71dfad752f73cfb85780";
$url="https://api.weixin.qq.com/cgi-bin/token?grant_type=client_credential&appid=".$appid."&secret=".$secret."";
$output=getdata($url);

$tokenarr=object_array(json_decode($output));
$token=$tokenarr['access_token'];
```

这部分代码获取$token 所用，前面章节中已详细讲解。

```
$data='
```

```
{
    "expire_seconds": 604800,
    "action_name": "QR_SCENE",
    "action_info": {
        "scene": {
            "scene_id": 100000
        }
    }
}';
```

定义发送的数据，分别是 expire_seconds：有效时间为 604800 秒；action_name：二维码类型为临时二维码；action_info：二维码的信息；scene_id：场景值 ID 为 100000。

```
$ticketurl="https://api.weixin.qq.com/cgi-bin/qrcode/create?access_token=".$token."";
```

创建 ticket 的接口地址并替换 token 参数。

```
$ticketarr=object_array(json_decode(sendcontent($data,$ticketurl)));
print_r($ticketarr);
```

通过 sendcontent()函数，发送数据到接口地址，并通过 json_decode()函数处理返回数据为数组，最终通过 object_array()函数处理 stdClass Object 后，变为正常数组，并输出到页面中。

调用效果如图 7-6 所示。

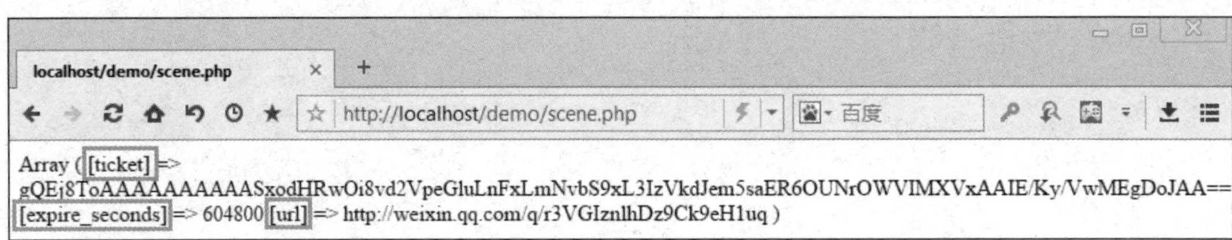

图 7-6　创建 ticketarr

单独取出 ticket，代码如下。

```
echo $ticketarr['ticket'];
```

效果如图 7-7 所示。

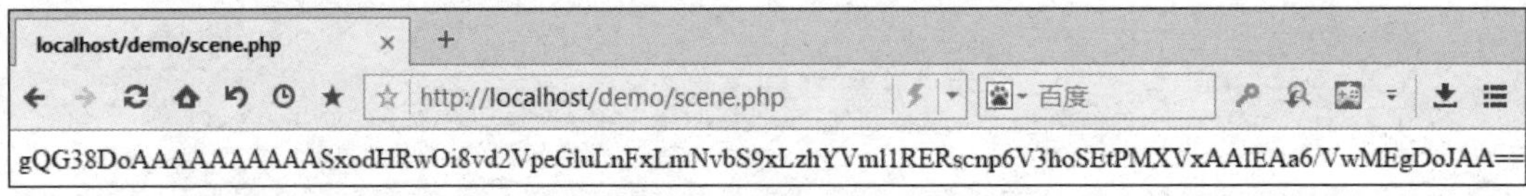

图 7-7　单独输出 ticketarr

（2）凭借 ticket 到指定 URL 换取二维码。

获取二维码 ticket 后，可用 ticket 换取二维码图片。本接口无须登录即可调用。

请求说明：

http 请求方式：GET（请使用 https 协议）

接口调用地址：https://mp.weixin.qq.com/cgi-bin/showqrcode?ticket=TICKET

提醒：TICKET 记得进行 UrlEncode

在 ticket 正确的情况下，http 返回码是 200，即一张图片，可以直接展示或者下载。

HTTP 头（示例）如下。

Accept-Ranges:bytes

Cache-control:max-age=604800

Connection:keep-alive

Content-Length:28026

Content-Type:image/jpg

Date:Wed, 16 Oct 2013 06:37:10 GMT

Expires:Wed, 23 Oct 2013 14:37:10 +0800

Server:nginx/1.4.1

在错误的情况下（如 ticket 非法），返回 HTTP 错误码 404。

以临时二维码为例，调用代码如下。

```
<?php
/*
 *微信带参数二维码创建ticket
*/
require('wei_function.php');
$appid="wx78478e595939c538";
$secret="5540e8ccab4f71dfad752f73cfb85780";
$url="https://api.weixin.qq.com/cgi-bin/token?grant_type=client_credential&appid=".$appid."&secret=".$secret."";
$output=getdata($url);

$tokenarr=object_array(json_decode($output));
$token=$tokenarr['access_token'];
//发送xml数据
$data='
{
      "expire_seconds": 604800,
      "action_name": "QR_SCENE",
      "action_info": {
            "scene": {
                  "scene_id": 100000
            }
      }
}';

$ticketurl="https://api.weixin.qq.com/cgi-bin/qrcode/create?access_token=".$token."";
$ticketarr=object_array(json_decode(sendcontent($data,$ticketurl)));
//print_r($ticketarr);
//echo $ticketarr['ticket'];
```

```
$imgurl="https://mp.weixin.qq.com/cgi-bin/showqrcode?ticket=".urlencode($ticketarr['ticket']).""; 
echo getdata($imgurl);
?>
```

✧ 代码解析

获取 ticket 前的代码已讲解。

```
$imgurl="https://mp.weixin.qq.com/cgi-bin/showqrcode?ticket=".urlencode($ticketarr['ticket']).""; 
echo getdata($imgurl);
```

通过换取图片接口，替换掉经过 urlencode()函数处理的 ticket 值，通过 getdata()函数，请求数据并输出到页面中即可。效果如图 7-8 所示。

请注意：如果打印的时候出现乱码的情况，可尝试切换浏览器内核重新运行程序。

图 7-8　通过 ticket 换取图片并输出在页面中

（3）下载换取的二维码图片。

二维码生成之后，可以手动单击鼠标右键保存二维码，但是有些时候生成二维码的同时还需要程序直接保存。

以临时二维码为例，保存二维码图片的代码如下。

```
<?php
/*
 *微信带参数二维码创建ticket
*/
require('wei_function.php');
$appid="wx78478e595939c538";
$secret="5540e8ccab4f71dfad752f73cfb85780";
$url="https://api.weixin.qq.com/cgi-bin/token?grant_type=client_credential&appid=".$appid."&secret=".$secret."";
```

```
$output=getdata($url);

$tokenarr=object_array(json_decode($output));
$token=$tokenarr['access_token'];
//发送xml数据
$data='
{
    "expire_seconds": 604800,
    "action_name": "QR_SCENE",
    "action_info": {
        "scene": {
            "scene_id": 100000
        }
    }
}';

$ticketurl="https://api.weixin.qq.com/cgi-bin/qrcode/create?access_token=".$token."";
$ticketarr=object_array(json_decode(sendcontent($data,$ticketurl)));
//print_r($ticketarr);
//echo $ticketarr['ticket'];

$imgurl="https://mp.weixin.qq.com/cgi-bin/showqrcode?ticket=".urlencode($ticketarr['ticket'])."";
//echo getdata($imgurl);
$imageinfo=downloadimage($imgurl);
$filename='./img/'.time().rand(1,100000).".jpg";
$local_file = fopen($filename,'w');
if(false !== $local_file)
{
    if(false !== fwrite($local_file,$imageinfo['body']))
    {
        fclose($local_file);
    }
}
?>
```

✧ 代码解析

```
$imgurl="https://mp.weixin.qq.com/cgi-bin/showqrcode?ticket=".urlencode($ticketarr['ticket'])."";
```

之前的代码已讲解。

```
$imageinfo=downloadimage($imgurl);
```

downloadimage()函数，已写在 wei_function.php 文件中，代码如下。

```
function downloadimage($url){
    $ch = curl_init($url);
    curl_setopt($ch, CURLOPT_HEADER, 0);
    curl_setopt($ch, CURLOPT_NOBODY, 0);
```

```
    curl_setopt($ch, CURLOPT_SSL_VERIFYPEER, false);
    curl_setopt($ch, CURLOPT_SSL_VERIFYHOST, false);
    curl_setopt($ch, CURLOPT_RETURNTRANSFER, 1);

    $package = curl_exec($ch);
    $httpinfo = curl_getinfo($ch);
    curl_close($ch);
    return array_merge(array('body'=>$package),array('header'=>$httpinfo));
}
```

该函数的作用是获取照片信息，$filename='./img/'.time().rand(1,100000).".jpg";

定义照片存入的路径，'./img/'为相对路径的 img 文件夹。该文件夹如果在程序中没有被创建即需要手动创建，time().rand(1,100000).".jpg"是定义照片名称与后缀，time()是当前时间戳，rand(1,100000)是为了让降低重复文件名随机生成 1~100000 的数字作为文件名的一部分，最后定义图片为 jpg。

```
$local_file = fopen($filename,'w');
```

以写入的方式将该文件路径打开：

```
if(false !== $local_file)
{
    if(false !== fwrite($local_file,$imageinfo['body']))
    {
        fclose($local_file);
    }
}
```

如果正确打开该路径，写入该文件，且写入该文件没有出错，即关闭该文件路径。至此，二维码图片成功被保存下来。效果如图 7-9 所示。

图 7-9 通过程序下载二维码

7.2.3 扫描带参数二维码

带参数二维码生成之后，进行扫描。根据二维码参数的不同，扫描后响应的信息也可以不同。用户扫描带场景值二维码时，可能推送以下两种事件。

（1）如果用户还未关注公众号，则用户可以关注公众号，关注后微信会将带场景值关注事件推送给开发者。

（2）如果用户已经关注公众号，则微信会将带场景值扫描事件推送给开发者。

用户未关注时，进行关注后的事件推送，推送 XML 数据包示例如下。

```
<xml><ToUserName><![CDATA[toUser]]></ToUserName>
<FromUserName><![CDATA[FromUser]]></FromUserName>
<CreateTime>123456789</CreateTime>
<MsgType><![CDATA[event]]></MsgType>
<Event><![CDATA[subscribe]]></Event>
<EventKey><![CDATA[qrscene_123123]]></EventKey>
<Ticket><![CDATA[TICKET]]></Ticket>
</xml>
```

参数说明，如表 7-11 所示。

表 7-11　扫描参数二维码用户未关注推送 xml 参数说明

参数	说明
ToUserName	开发者微信号
FromUserName	发送方账号（一个 OpenID）
CreateTime	消息创建时间 （整型）
MsgType	消息类型，event
Event	事件类型，subscribe
EventKey	事件 KEY 值，qrscene 为前缀，后面为二维码的参数值
Ticket	二维码的 ticket，可用来换取二维码图片

需要修改配置文件以支持扫描参数二维码的响应，代码如下。

```
switch ($Event)
{
case "subscribe":
if (isset($EventKey))
{
    $contentStr = "未关注二维码场景".$EventKey;
}
    break;
case "SCAN":
$contentStr = "已关注二维码场景".$EventKey;
    break;
default:
    break;
 }
 $msgType = "text";
```

```
$resultStr = sprintf($textTpl, $fromUsername, $toUsername, $time, $msgType, $contentStr);
echo $resultStr;
```

✧ 代码解析

用户扫码分别有两种情况，一种是用户未关注公众号，此时获取到的推送事件$Event 值为 subscribe，且获取到$EventKey 参数，即确定用户在未关注公众号的情况下扫描了参数二维码，定义回复内容为“未关注二维码场景+场景值”；另一种是用户已关注公众号，获取到的推送事件$Event 值为 SCAN，即确定用户在已经关注公众号的情况下扫描了参数二维码，定义回复内容为“已关注二维码场景+场景值”。

获取推送事件代码为$Event = $postObj→Event，获取场景值代码为$EventKey = $postObj→EventKey。

实现扫描参数二维码响应实例代码，如图 7-10 所示。

```
if ( empty($postStr)){
    /* libxml_disable_entity_loader is to prevent XML eXternal Entity Injection,
       the best way is to check the validity of xml by yourself */
    libxml_disable_entity_loader(true);
    $postObj = simplexml_load_string($postStr, 'SimpleXMLElement', LIBXML_NOCDATA);
    $fromUsername = $postObj->FromUserName;
    $toUsername = $postObj->ToUserName;
    $keyword = trim($postObj->Content);
    $Event = trim($postObj->Event);
    $msgType = $postObj->MsgType;
    $EventKey = $postObj->EventKey;
    $time = time();
    $textTpl = "<xml>
                <ToUserName><![CDATA[%s]]></ToUserName>
                <FromUserName><![CDATA[%s]]></FromUserName>
                <CreateTime>%s</CreateTime>
                <MsgType><![CDATA[%s]]></MsgType>
                <Content><![CDATA[%s]]></Content>
                <FuncFlag>0</FuncFlag>
                </xml>";

    switch ($Event)
    {
    case "subscribe":
        if (isset($EventKey))
        {
            $contentStr = "未关注二维码场景 ".$EventKey;
        }
        break;
    case "SCAN":
        $contentStr = "已关注二维码场景 ".$EventKey;
        break;
    default:
        break;
    }
    $msgType = "text";
    $resultStr = sprintf($textTpl, $fromUsername, $toUsername, $time, $msgType, $contentStr);
    echo $resultStr;
```

图 7-10 响应参数二维码

7.3 JSSDK 介绍及使用

微信网页可以调起手机相册发送图片，可以通过手机摄像头拍照，在微信中分享网页时可以自定义网址的标题、图标以及链接，可以调起微信支付，这些都是通过微信公众平台 JSSDK 实现的。

极客学院
jikexueyuan.com

极客学院在线视频学习网址：
http://www.jikexueyuan.com/course/2099_3.html
手机扫描二维码

JSSDK 使用说明及调用实例

7.3.1 JSSDK 介绍

1. 简介

微信 JSSDK 是微信公众平台面向网页开发者提供的基于微信内的网页开发工具包。

通过使用微信 JSSDK，网页开发者可借助于微信高效地使用拍照、选图、语音、位置等手机系统的能力；同时可以直接使用微信自定义分享、扫一扫、卡券、支付等微信特有的能力，为微信用户提供更优质的网页体验。

使用该工具需要先获取权限，可在“开发”菜单中单击“接口权限”查看，该权限在微信认证后即可获得，如图 7-11 所示。

开发
- 基本配置
- 开发者工具
- 运维中心
- 接口权限

	素材管理	临时素材管理接口		未获得
功能服务	智能接口	语义理解接口		未获得
	多客服	获取客服聊天记录		未获得
		客服管理		未获得
		会话控制		未获得
	微信支付	微信支付接口		未获得
	微信小店	微信小店接口		未获得
	微信卡包	微信卡包接口		未获得
	设备功能	设备功能接口		未获得
	网页账号	网页授权获取用户基本信息		未获得
	基础接口	判断当前客户端版本是否支持指定JS接口	无上限	已获得
		获取jsapi_ticket	0/100000	已获得
	分享接口	获取“分享到朋友圈”按钮点击状态及自定义分享内容接口		未获得
		获取“分享给朋友”按钮点击状态及自定义分享内容接口		
		获取“分享到QQ”按钮点击状态及自定义分享内容接口		

获得条件：
必须通过微信认证
满足以上条件方可申请

图 7-11 查看是否有 JSSDK 的权限

2. 使用步骤

（1）绑定域名。

登录微信公众平台进入“公众号设置”的“功能设置”里填写“JS 接口安全域名”，如图 7-12 和图 7-13 所示。

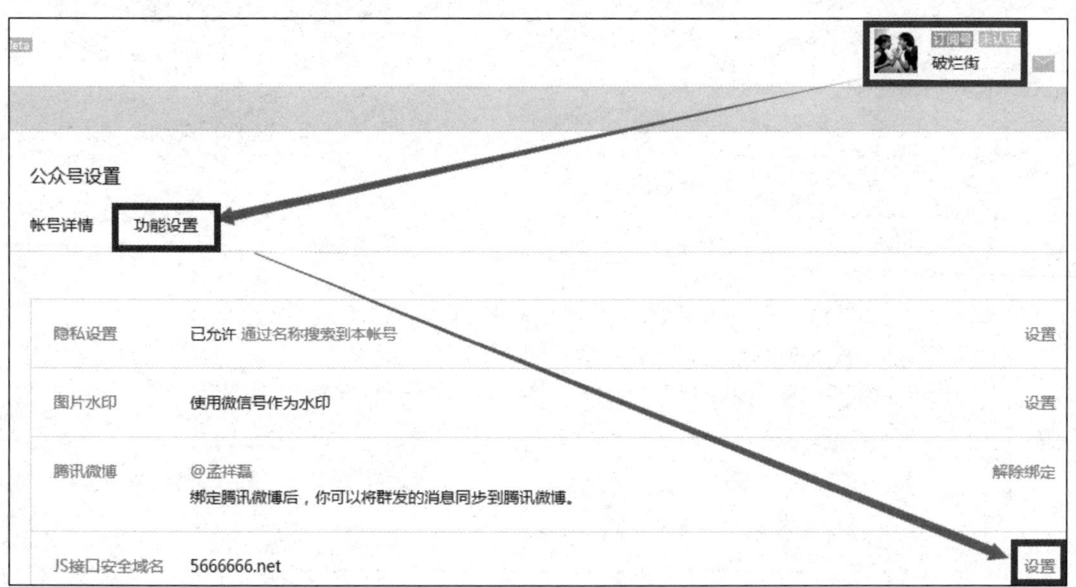

图 7-12 设置 JSSDK 域名 1

JS接口安全域名

设置JS接口安全域名后，公众号开发者可在该域名下调用微信开放的JS接口。

注意事项：

1. 可填写三个域名，要求是一级或一级以上域名（例：qq.com，或者 www.qq.com），需使用字母、数字及“-”的组合，不支持IP地址、端口号及短链域名。

2. 填写的域名须通过ICP备案的验证。

3. 一个自然月内最多可修改并保存三次，本月剩余保存次数：3

域名1 5666666.net

域名2

域名3

保存 关闭

图 7-13 设置 JSSDK 域名 2

（2）引入 JS 文件。

在需要调用 JS 接口的页面引入 JS 文件（支持 https）：

http://res.wx.qq.com/open/js/jweixin-1.0.0.js，引入代码如下。

```
<script type="text/javascript" src="http://res.wx.qq.com/open/js/jweixin-1.0.0.js"></script>
```

如需使用摇一摇周边功能，请引入 http://res.wx.qq.com/open/js/jweixin-1.1.0.js。

备注：支持使用 AMD/CMD 标准模块加载方法加载。

（3）通过 config 接口注入权限验证配置。

所有需要使用 JSSDK 的页面必须先注入配置信息，否则将无法调用（同一个 url 仅需调用一次，对于变化 url 的 SPA 的 Web App 可在每次 url 变化时进行调用。目前 Android 微信客户端不支持 pushState 的 H5 新特性，所以使用 pushState 来实现 Web App 的页面会导致签名失败，此问题会在 Android6.2 中修复）。

配置信息如下。

wx.config({

debug: true, // 开启调试模式，调用的所有 api 的返回值会在客户端 alert 出来，若要查看传入的参数，可以在 PC 端打开，参数信息会通过 log 打出，仅在 PC 端时才会打印。

appId: '', // 必填，公众号的唯一标识

timestamp: , // 必填，生成签名的时间戳

nonceStr: '', // 必填，生成签名的随机串

signature: '',// 必填，签名

jsApiList: [] // 必填，需要使用的 JS 接口列表

});

（4）处理验证信息。

通过 ready 接口处理成功验证

wx.ready(function(){

// config 信息验证后会执行 ready 方法，所有接口调用都必须在 config 接口获得结果之后。config 是一个客户端的异步操作，所以如果需要在页面加载时就调用相关接口，则须把相关接口放在 ready 函数中调用来确保正确执行。对于用户触发时才调用的接口，则可以直接调用，不需要放在 ready 函数中。

});

通过 error 接口处理失败验证

wx.error(function(res){

// config 信息验证失败会执行 error 函数，如签名过期导致验证失败，具体错误信息可以打开 config 的 debug 模式查看，也可以在返回的 res 参数中查看，对 SPA 可以在这里更新签名。

});

如自定义分享执行成功后，可通过 ready 接口满足业务需求；如成功分享后，记录用户相关信息、为用户增加积分等操作。

3. 接口调用说明

所有接口通过 wx 对象(也可使用 jWeixin 对象)来调用，参数是一个对象，除了每个接口本身需要传的参数之外，还有以下通用参数。

- success：接口调用成功时执行的回调函数；
- fail：接口调用失败时执行的回调函数；
- complete：接口调用完成时执行的回调函数，无论成功或失败都会执行；
- cancel：用户单击取消时的回调函数，仅部分有用户取消操作的 api 才会用到；
- trigger：监听 Menu 中的按钮单击时触发的方法，该方法仅支持 Menu 中的相关接口。

备注：不要尝试在 trigger 中使用 ajax 异步请求修改本次分享的内容，因为客户端分享操作是一个同步操作，这时使用 ajax 的回包会没有返回。

以上几个函数都带有一个参数，类型为对象。其中除了每个接口本身返回的数据之外，还有一个通用属性 errMsg，其值格式如下。

调用成功时："xxx:ok"，其中 xxx 为调用的接口名；

用户取消时："xxx:cancel"，其中 xxx 为调用的接口名；

调用失败时：其值为具体错误信息。

4. 官方 DEMO 下载、配置

JSSDK 官方提供了接口调用 DEMO 源码，DEMO 演示页面网址：http://203.195.235.76/jssdk/，如图 7-14 所示。

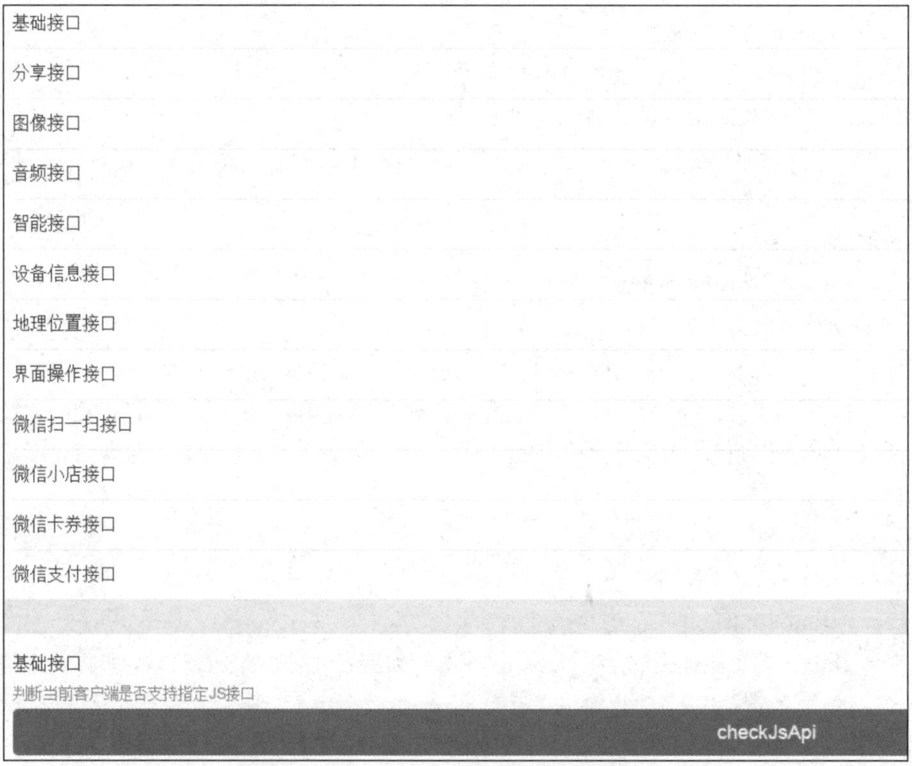

基础接口
分享接口
图像接口
音频接口
智能接口
设备信息接口
地理位置接口
界面操作接口
微信扫一扫接口
微信小店接口
微信卡券接口
微信支付接口

基础接口

判断当前客户端是否支持指定JS接口

checkJsApi

图 7-14　JSSDK 官方 DEMO 演示界面

下载地址：http://demo.open.weixin.qq.com/jssdk/sample.zip。

下载后是一个名为 sample.zip 的压缩文件，单击打开进入 sample 目录下，解压缩 php 的目录（其他开发语言解压对应的目录），如图 7-15 所示。

图 7-15　解压 DEMO 中的 php 目录

打开后有 4 个文件，分别为 access_token.php、jsapi_ticket.php、jssdk.php、sample.php。前面两个分别存储 access_token 和 jsapi_ticket.参数；jssdk.php 是 JSSDK 的类文件；sample.php 是测试文件。具体如图 7-16 所示。

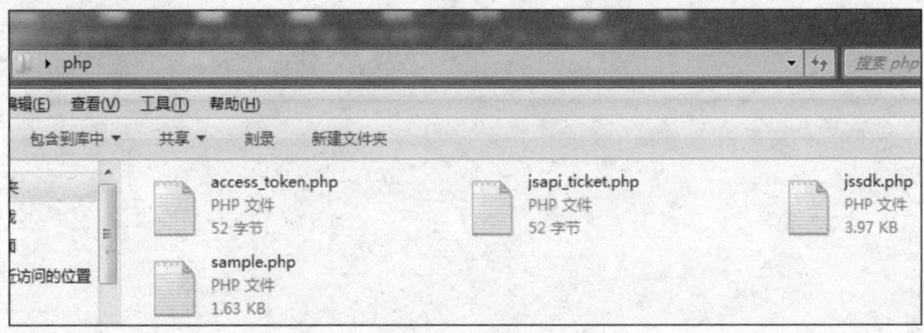

图 7-16　JSSDK php 版 DEMO 文件

该 DEMO 只需将相关参数配置，即可正常使用。配置的参数分别为 sample.php 中的“yourAppID”与“yourAppSecret”，需要替换为自身具备 JSSDK 调用权限公众号的 AppID 与 AppSecret，如图 7-17 所示。

```
sample.php
<?php
require_once "jssdk.php";
$jssdk = new JSSDK("wx78478e595939c538", "5540e8ccab4f71dfad752f73cfb85780");
$signPackage = $jssdk->GetSignPackage();
?>
<!DOCTYPE html>
<html lang="en">
<head>
  <meta charset="UTF-8">
  <title></title>
</head>
<body>

</body>
<script src="http://res.wx.qq.com/open/js/jweixin-1.0.0.js"></script>
```

图 7-17　配置 JSSDK 参数

DEMO 中，jsapi_ticket 和 access_token 参数存储到了 php 的文件中，是为了方便开发者测试调试。在实际应用中，应该将这两个参数全局缓存或者存储到数据库。

官方 DEMO 将 jsapi_ticket 和 access_token 参数存储到了 php 的文件中，所以该文件与其所在文件夹要有写入与执行的权限。

7.3.2 JSSDK 自定义分享功能实例

微信公众平台自定义分享功能可以在微信中分享网页时自定义分享标题，分享描述以及分享链接。该接口在个性化的微信功能中非常重要，是最常用的 JSSDK 接口之一。

分享给朋友的代码如下。

```
<?php
require_once "jssdk.php";
$jssdk = new JSSDK("wx78478e595939c538", "5540e8ccab4f71dfad752f73cfb85780");
$signPackage = $jssdk→GetSignPackage();
?>
<!DOCTYPE html>
<html lang="en">
<head>
  <meta charset="UTF-8">
  <title>微信JSSDK DEMO</title>
</head>
<body>
</body>
<script src="http://res.wx.qq.com/open/js/jweixin-1.0.0.js"></script>
<script language="javascript">
  wx.config({
    debug: true,
    appId: '<?php echo $signPackage["appId"];?>',
    timestamp: <?php echo $signPackage["timestamp"];?>,
    nonceStr: '<?php echo $signPackage["nonceStr"];?>',
    signature: '<?php echo $signPackage["signature"];?>',
    jsApiList: [
      // 所有要调用的 API 都要加到这个列表中
      'onMenuShareTimeline','onMenuShareTimeline','onMenuShareAppMessage'
    ]
  });
  wx.ready(function () {
    wx.onMenuShareAppMessage({
    title: '分享给朋友圈',
    desc: '分享给朋友圈描述', // 分享描述
    link:   'http://www.jikexueyuan.com/',
    imgUrl: 'http://ubmcmm.baidustatic.com/media/v1/0f000KgpXJ8j8WftMJ-UZf.jpg',
```

```
        success: function () {
        },
        cancel: function () {
        }
        });
    });
</script>
</html>
```

✧ 代码解析

require_once "jssdk.php";包含 jssd.php 文件，该文件为 JSSDK 类，调用 JSSDK 所需的所有参数、方法都包含在该类里面。

$jssdk = new JSSDK("wx78478e595939c538", "5540e8ccab4f71dfad752f73cfb85780");设置 appID 和 appsecret 参数。

$signPackage = $jssdk→GetSignPackage();调用 GetSignPackage()方法并赋值给变量 $signPackage。该变量为一个数组，包含 JSSDK 所需的配置参数，分别为 appId、timestamp、nonceStr 和 signature。

```
<!DOCTYPE html>
<html lang="en">
<head>
  <meta charset="UTF-8">
  <title>微信JSSDK DEMO</title>
</head>
<body>
</body>
```

HTML 代码，此处只设置页面标题为“微信 JSSDK DEMO”。

<script src="http://res.wx.qq.com/open/js/jweixin-1.0.0.js"></script>引入微信 JS 文件。

```
<script language="javascript">
  wx.config({
    debug: true,
    appId: '<?php echo $signPackage["appId"];?>',
    timestamp: <?php echo $signPackage["timestamp"];?>,
    nonceStr: '<?php echo $signPackage["nonceStr"];?>',
    signature: '<?php echo $signPackage["signature"];?>',
    jsApiList: [
      // 所有要调用的 API 都要加到这个列表中
      'onMenuShareTimeline','onMenuShareAppMessage','getLocation','chooseImage'
    ]
  });
```

配置 JSSDK 参数，分别为 appId、timestamp、nonceStr 和 signature 对应 PHP 调用 GetSign Package()方法获取到的 4 个参数，在 html 页面中输出单个参数的方法为<?php echo $signPackage ["appId"];?>。

将需要用到的接口加到 jsApiList:[]中，此处加入 4 个接口，分别为 onMenuShareTimeline 分享到朋友圈、onMenuShareAppMessage 分享给朋友、getLocation 获取地理位置接口以及 chooseImage 拍照或从手机相册中选图接口。

```
  wx.ready(function () {
    wx.onMenuShareAppMessage({
    title: '分享给朋友标题',
    desc: '分享给朋友描述', // 分享描述
    link:   'http://www.jikexueyuan.com/',
    imgUrl: 'http://ubmcmm.baidustatic.com/media/v1/0f000KgpXJ8j8WftMJ-UZf.jpg',
    success: function () {
    },
    cancel: function () {
    }
    });
  });
</script>
</html>
```

wx.ready(function () {}通过 ready 接口处理成功验证，但如果在页面加载时就调用相关接口，则须把相关接口放在 ready 函数中调用来确保正确执行。该 DEMO 符合该规则，所以将分享给朋友的代码写到 ready 函数中，并分别设置 title：分享的标题、desc：分享的描述、link：分享的链接以及 imgUrl：分享图标的地址。

运行效果如图 7-18 和图 7-19 所示。单击分享的内容，进入设置的链接：http://www.jikexueyuan.com/，页面效果如图 7-20 所示。

图 7-18　JSSDK 自定义分享效果 1

图 7-19　JSSDK 自定义分享效果 2

要分享到朋友圈只需将 wx.ready(function () {}内的部分更换为

```
wx.onMenuShareTimeline({
   title: '', // 分享标题
```

```
    link: '', // 分享链接
    imgUrl: '', // 分享图标
    success: function () {
        // 用户确认分享后执行的回调函数
    },
    cancel: function () {
        // 用户取消分享后执行的回调函数
    }
});
```

图 7-20　JSSDK 自定义分享单击后打开设置的链接

并替换每个参数即可。

7.3.3　JSSDK 调用手机相册、拍照功能

做微信应用很多都需要调用手机相册，这个时候使用 JSSDK 的相关接口是一个非常不错的选择。

调用手机相册代码如下。

```
<?php
require_once "jssdk.php";
$jssdk = new JSSDK("wx78478e595939c538", "5540e8ccab4f71dfad752f73cfb85780");
$signPackage = $jssdk→GetSignPackage();
?>
<!DOCTYPE html>
<html lang="en">
<head>
  <meta charset="UTF-8">
  <meta name="viewport" content="width=device-width, initial-scale=1.0, minimum-scale=1.0,
maximum-scale=1.0, user-scalable=no">
  <title>微信JSSDK DEMO</title>
</head>
<body>
<input type="button" value="上传图片" id="btn">
</body>
<script src="http://res.wx.qq.com/open/js/jweixin-1.0.0.js"></script>
<script language="javascript">
  wx.config({
    debug: true,
    appId: '<?php echo $signPackage["appId"];?>',
    timestamp: <?php echo $signPackage["timestamp"];?>,
    nonceStr: '<?php echo $signPackage["nonceStr"];?>',
    signature: '<?php echo $signPackage["signature"];?>',
    jsApiList: [
      // 所有要调用的 API 都要加到这个列表中
      'onMenuShareTimeline','onMenuShareAppMessage','getLocation','chooseImage'
    ]
  });
  wx.ready(function () {
  });

  document.getElementById("btn").onclick = function(){
    wx.chooseImage({
    success: function (res) {
        var localIds = res.localIds; // 返回选定照片的本地ID列表，localId可以作为img标签的src属性显
示图片
    }
    });
  }
</script>
```

```
</html>
```

✧ 代码解析

<input type="button" value="上传图片" id="btn">在页面中增加“上传图片”的按钮并单击，弹出调用手机相册的效果。

```
jsApiList: [
    // 所有要调用的 API 都要加到这个列表中
    'onMenuShareTimeline','onMenuShareAppMessage','getLocation','chooseImage'
  ]
```

将 chooseImage 权限加入 jsApiList：[]列表，才可使用该接口。

```
document.getElementById("btn").onclick = function(){
   wx.chooseImage({
   success: function (res) {
       var localIds = res.localIds; // 返回选定照片的本地ID列表，localId可以作为img标签的src属性显示图片
   }
   });
 }
```

当单击 id 为“btn”的按钮时，调用该接口，效果如图 7-21 所示。

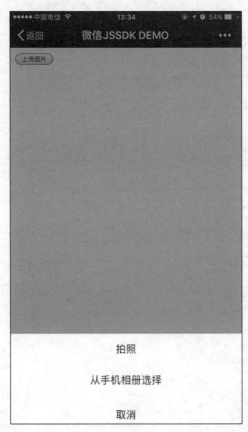

图 7-21　JSSDK 调用手机相册

7.4 模板消息介绍及实例调用

微信公众平台的功能非常强大，甚至可以取代通知类的短信，如刷卡后，会收到刷卡短信通知；手机欠费后，会收到欠费短信通知；会员到期后，同样会收到到期短信通知。这些功能全部可以通过微信公众平台实现，那么对应的接口就是模板消息接口。

极客学院
jikexueyuan.com

极客学院在线视频学习网址：
http://www.jikexueyuan.com/course/2099_4.html
手机扫描二维码

模板消息介绍及实例调用

7.4.1 模板消息介绍

1. 模板消息介绍

模板消息仅用于公众号向用户发送重要的服务通知，只能用于符合其要求的服务场景中，如信用卡刷卡通知、商品购买成功通知等。模板消息的出现，大大提升了微信公众平台的服务能力，甚至有取代短信类通知的态势。目前，已有非常多的微信服务号使用该接口。

但同时，微信为了用户体验，使用模板消息接口不支持发送广告等营销类的消息及其他所有可能对用户造成骚扰的消息。

2. 模版消息注意事项

- 所有服务号都可以在功能→添加功能插件处看到申请模板消息功能的入口，但只有认证后的服务号才可以申请模板消息的使用权限并获得该权限；
- 需要选择公众账号服务所处的 2 个行业，每月可更改 1 次所选行业；
- 在所选行业的模板库中选用已有的模板进行调用；
- 每个账号可以同时使用 25 个模板；
- 当前每个账号模板消息的日调用上限为 10 万次，单个模板没有特殊限制。【2014 年 11 月 18 日将接口调用频率从默认的日 1 万次提升为日 10 万次，可在 MP 登录后的开发者中心查看】。当账号粉丝数超过 10W/100W/1000W 时，模板消息的日调用上限会相应提升，以公众号 MP 后台开发者中心页面标明的数字为准。

7.4.2 添加模板

登录微信，单击左侧“添加功能插件”按钮，在弹出的页面中单击“模板消息”，如图 7-22 所示。

设置行业信息，如图 7-23 和图 7-24 所示。

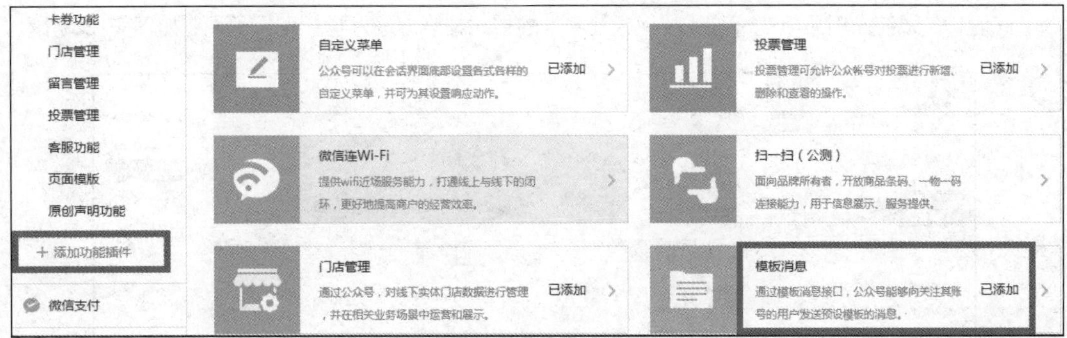

图 7-22　功能插件列表

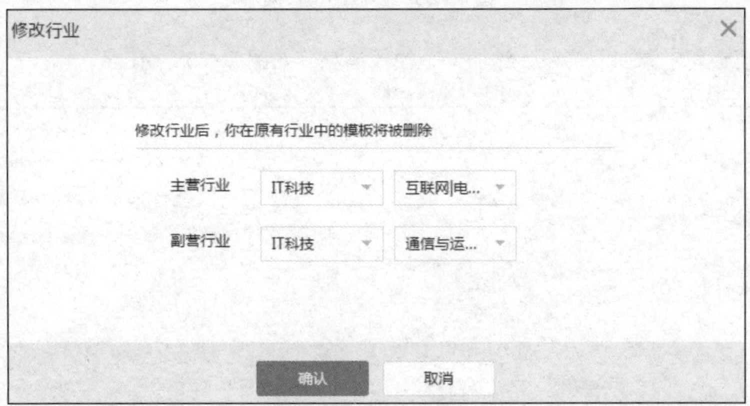

图 7-23　设置行业信息

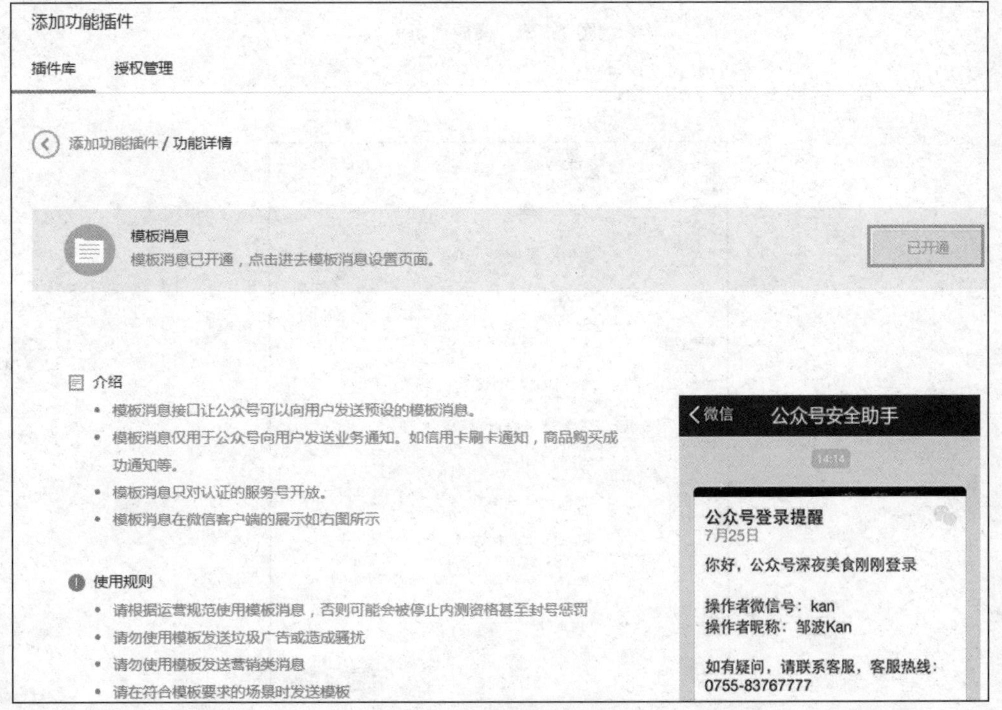

图 7-24　开通模板消息功能

此时，在微信左侧菜单栏增加了“模板消息”的按钮，单击进入模板配置页面，如图 7-25 所示。

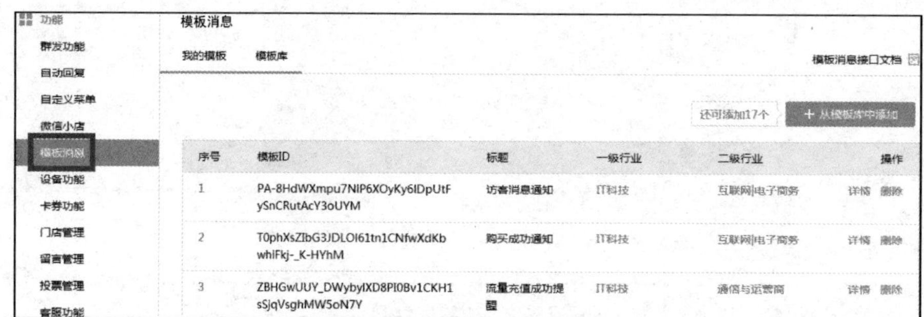

图 7-25　模板配置页面

单击“从模板库中添加”按钮，添加一个模板消息，如图 7-26 所示。

模板消息

我的模板　模板库　　　　模板消息接口文档

所在行业 IT科技/互联网|电子商务，IT科技/通信与运营商 修改行业　　找不到你想要的模板？帮助我们完善模板库

一个月只能修改一次

请输入模板标题、内容

编号	标题	一级行业	二级行业	使用人数(人)	信息
TM00001	购买成功通知	IT科技	互联网|电子商务	10087	详情
TM00002	购买失败通知	IT科技	互联网|电子商务	1294	详情
TM00303	商品已发出通知	IT科技	互联网|电子商务	3826	详情

图 7-26　模板列表

单击“详情”链接，如图 7-27 所示。

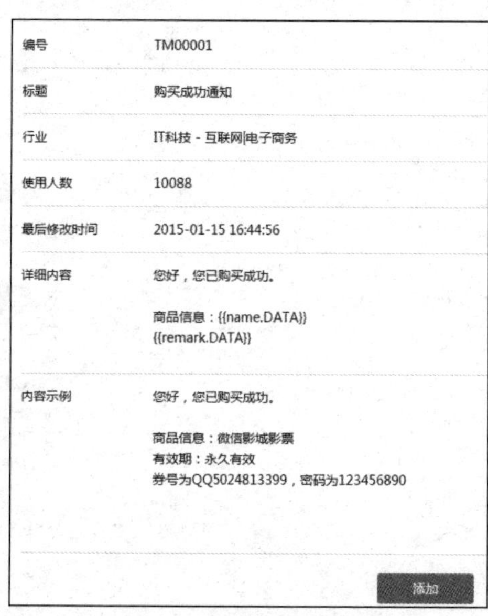

图 7-27　添加模板消息

单击“添加”按钮，成功添加一个模板，如图 7-28 所示。

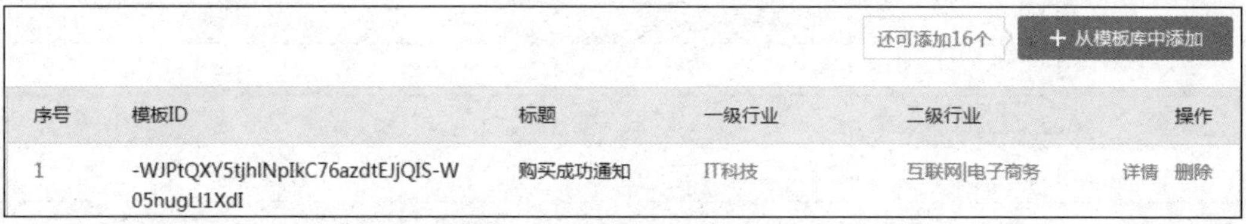

还可添加16个　＋ 从模板库中添加

序号	模板ID	标题	一级行业	二级行业	操作
1	-WJPtQXY5tjhlNpIkC76azdtEJjQIS-W05nugLI1XdI	购买成功通知	IT科技	互联网|电子商务	详情　删除

图 7-28　添加成功模板消息

7.4.3　发送模板消息实例

http 请求方式：POST

接口调用地址：https://api.weixin.qq.com/cgi-bin/message/template/send?access_token=ACCESS_TOKEN

数据格式：JSON

POST 数据示例：

```
{
    "touser":"OPENID",
    "template_id":"ngqIpbwh8bUfcSsECmogfXcV14J0tQlEpBO27izEYtY",
    "url":"http://weixin.qq.com/download",
    "data":{
        "first": {
          "value":"恭喜你购买成功！",
          "color":"#173177"
        },
        "keynote1":{
          "value":"巧克力",
          "color":"#173177"
        },
        "keynote2": {
          "value":"39.8元",
          "color":"#173177"
        },
        "keynote3": {
          "value":"2014年9月22日",
          "color":"#173177"
        },
        "remark":{
          "value":"欢迎再次购买！",
          "color":"#173177"
        }
    }
}
```

请求参数说明，如表 7-12 所示。

表 7-12　发送模板消息请求参数说明

参数	是否必需	说明
ACCESS_TOKEN	是	调用接口凭证
touser	是	接收者 openid
template_id	是	模板 ID
url	否	模板跳转链接
data	是	模板数据

返回说明：

在调用模板消息接口后，会返回 JSON 数据包。正常时的返回 JSON 数据包示例如下。

```
{
    "errcode":0,
    "errmsg":"ok",
    "msgid":200228332
}
```

返回参数说明，如表 7-13 所示。

表 7-13　发送模板消息返回参数说明

参数	说明
errcode	返回码
errmsg	是否发送成功
msgid	发送消息 ID

发送一个访客模板消息通知代码如下。

```
<?php

/*
 *微信模板消息
*/
require('wei_function.php');
$appid="wx5fbeb1cd06f08436";
$secret="2130cdeb78a04484de6f6ad5bb71ac32";
$url="https://api.weixin.qq.com/cgi-bin/token?grant_type=client_credential&appid=".$appid."&secret=".$secret."";
$output=getdata($url);

$tokenarr=(array)json_decode($output);
$token=$tokenarr['access_token'];
//发送xml数据

$data = '
        {
        "touser":"ouaDHjlGbyXmM5kBAFgFkaQ0chds",
```

```
        "template_id":"PA-8HdWXmpu7NiP6XOyKy6lDpUtFySnCRutAcY3oUYM",
        "url":"http://www.jikexueyuan.com/",
        "topcolor":"#FF0000",
        "data":{
                "first": {
                "value":"模板消息标题",
                "color":"#fd7801"
                },
                "keynote1":{
                "value":"极客学院",
                "color":"#ff4800"
                },
                "keynote2":{
                "value":"'.date('Y-m-d H:i:s',time()).'",
                "color":"#fd7801"
                },
                "remark":{
                "value":"\n\t测试发送微信模板消息。\n\t单击可进入极客学院官方网站。",
                "color":"#679f06"
                }
            }
        }';
//模板消息地址
$temurl="https://api.weixin.qq.com/cgi-bin/message/template/send?access_token=".$token."";
$temurl=(array)json_decode(sendcontent($data,$temurl));
print_r($temurl);
?>
```

✧ 代码解析

require('wei_function.php');包含前面章节创建的 wei_function.php 函数文件。

```
$token=$tokenarr['access_token'];获取到access_token。
$data = '
        {
        "touser":"ouaDHjlGbyXmM5kBAFgFkaQ0chds",
        "template_id":"PA-8HdWXmpu7NiP6XOyKy6lDpUtFySnCRutAcY3oUYM",
        "url":"http://www.jikexueyuan.com/",
        "topcolor":"#FF0000",
        "data":{
                "first": {
                "value":"模板消息标题",
                "color":"#fd7801"
                },
                "keynote1":{
                "value":"极客学院",
                "color":"#ff4800"
                },
```

```
            "keynote2":{
            "value":"'.date('Y-m-d H:i:s',time()).'",
            "color":"#fd7801"
            },
            "remark":{
            "value":"\n\t测试发送微信模板消息。\n\t单击可进入极客学院官方网站。",
            "color":"#679f06"
            }
        }
    }';
```

定义发送的数据，参数分别有 touser：发送用户的 openid，可通过网页授权接口获取；template_id：模板 ID。添加模板后，可在我的模板中查看，如图 7-29 所示。

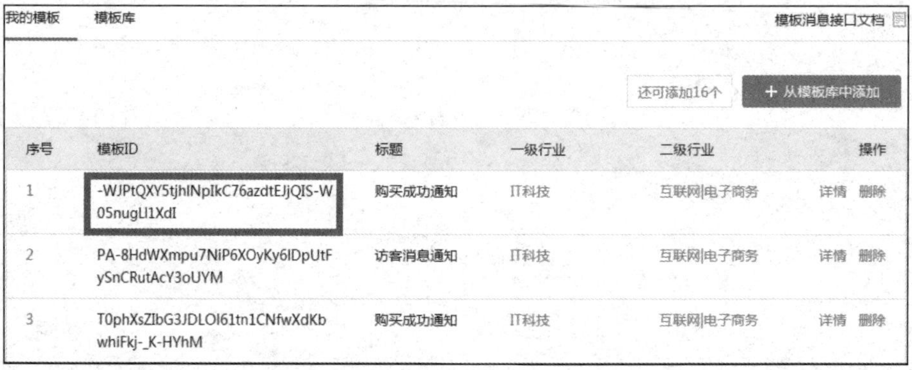

我的模板　模板库　　　　模板消息接口文档

还可添加16个　＋ 从模板库中添加

序号	模板ID	标题	一级行业	二级行业	操作
1	-WJPtQXY5tjhINpIkC76azdtEJjQIS-W05nugLl1XdI	购买成功通知	IT科技	互联网|电子商务	详情 删除
2	PA-8HdWXmpu7NiP6XOyKy6IDpUtFySnCRutAcY3oUYM	访客消息通知	IT科技	互联网|电子商务	详情 删除
3	T0phXsZIbG3JDLOI61tn1CNfwXdKbwhiFkj-_K-HYhM	购买成功通知	IT科技	互联网|电子商务	详情 删除

图 7-29　我的模板

url：单击模板跳转的链接，此处定义为极客官网：http://www.jikexueyuan.com/。

data{};里面的每个参数可从“我的模板”→“详情”中查看，如图 7-30 所示。

模板ID	PA-8HdWXmpu7NiP6XOyKy6IDpUtFySnCRutAcY3oUYM 开发者调用模板消息接口时需提供模板ID
标题	访客消息通知
行业	IT科技 - 互联网|电子商务
详细内容	{{first.DATA}} 消息来自：{{keynote1.DATA}} 发送时间：{{keynote2.DATA}} {{remark.DATA}} 在发送时，需要将内容中的参数（{{.DATA}}内为参数）赋值替换为需要的信息
内容示例	您好，您收到了新消息。 消息来自：一个昵称 发送时间：2015-05-13 14:00:00 请点击详情打开会话页面，立即查看并回复消息。如果不希望再接到访客消息提醒，请关闭自动接入并关闭已接入的会话。

图 7-30　访客消息通知模板详情

该模板包含 4 个需要设置的参数，分别为 first、keynote1、keynote2、remark，每个参数中 value 为参数内容，color 为该字体颜色。

运行程序，如图 7-31 所示。

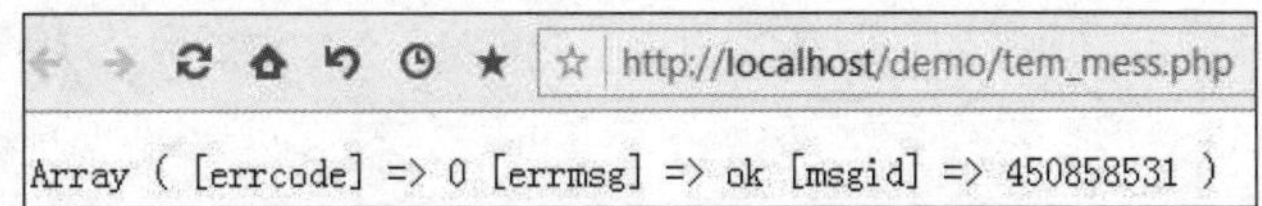

图 7-31　访客消息通知模板发送成功

微信收到通知，效果如图 7-32 和图 7-33 所示。

图 7-32　微信收到模板消息通知提示

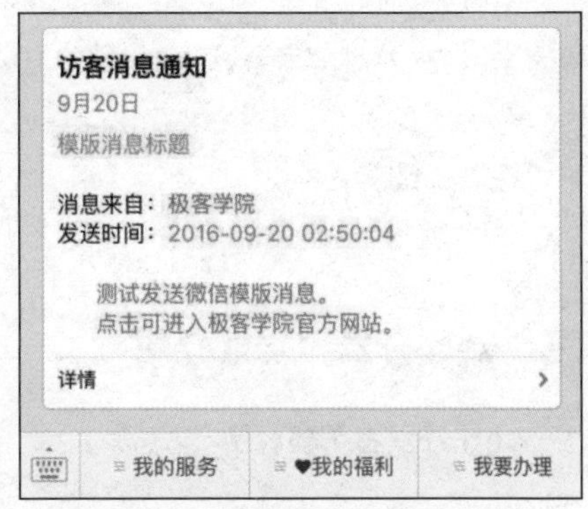

图 7-33　微信收到模板消息通知详情

单击模板消息，进入极客官网，如图 7-34 所示。

图 7-34　单击模板消息跳转到极客官网

7.5 微信 web 开发者工具详解

在开发微信应用时，由于微信本身的一些接口限制，只能在微信中调试网页，如网页授权接口、JSSDK 等，导致在开发中受到诸多的限制，非常不方便。而 web 开发者工具的出现，则解决了这样的问题。

极客学院
jikexueyuan.com

极客学院在线视频学习网址：
http://www.jikexueyuan.com/course/2463_1.html
手机扫描二维码

微信 web 开发者工具详解

7.5.1 web 开发者功能介绍

1. web 开发者工具介绍

web 开发者工具的出现，一方面解决了无法在 PC 或 Mac 端调试微信网页的限制，另一方面也提供了更加强大的调试工具以便开发者更快速地完成微信应用。

2. web 开发者工具功能

使用 web 开发者工具，你可以：

- 使用自己的微信号来调试微信网页授权；
- 调试、检验页面的 JS-SDK 相关功能与权限，模拟大部分 SDK 的输入和输出；
- 使用基于 weinre 的移动调试功能，支持 X5 Blink 内核的远程调试；
- 利用集成的 Chrome DevTools 协助开发。

3. web 开发者工具界面组成

该工具界面主要由几大部分组成，如图 7-35 所示。

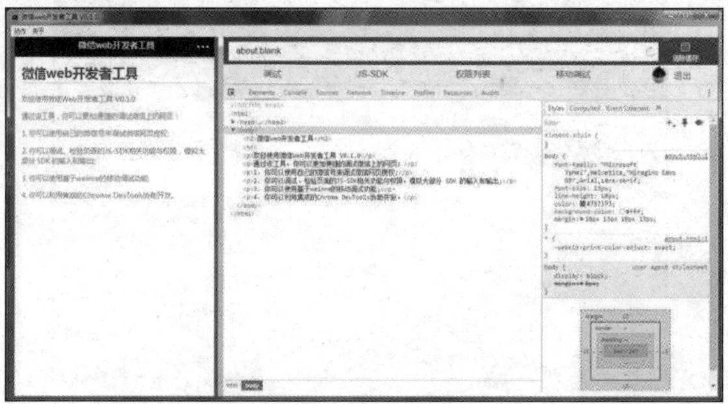

图 7-35 web 开发者工具界面组成

顶部菜单栏是刷新、后退、选中地址栏等动作的统一入口，以及微信客户端版本的模拟设置页。左侧是微信的 webview 模拟器，可以直接操作网页，模拟用户的真实行为。右侧上方是地址栏，用于输入待调试的页面链接，以及清除缓存按钮。右侧下方是相关的请求和返回结果，以及调试界面和登录按钮。

4. 使用前配置

为保证开发者身份信息的安全，对于希望调试的公众号，要求开发者微信号与之建立绑定关系。具体操作为：公众号登录管理后台→开发→开发者工具→web 开发者工具页面，向开发者微信号发送绑定邀请。绑定页面，如图 7-36 和图 7-37 所示。

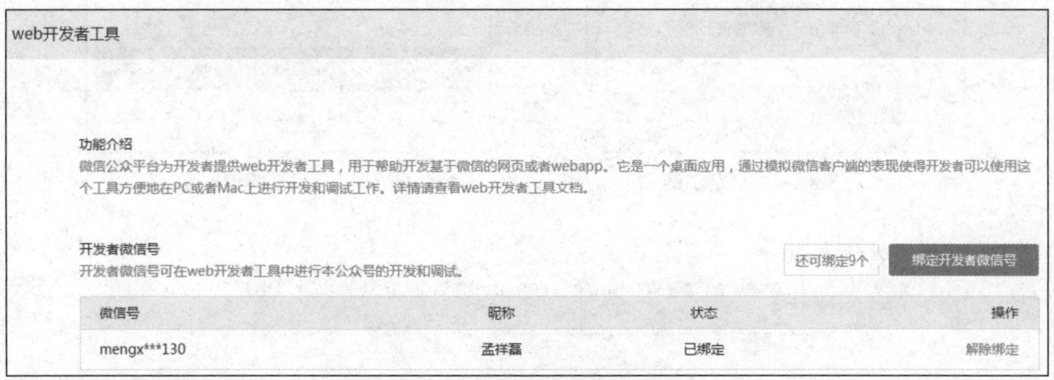

图 7-36　web 开发者工具绑定开发者微信 1

图 7-37　web 开发者工具绑定开发者微信 2

单击“邀请绑定”按钮，该微信用户会收到邀请通知，如图 7-38 所示。单击“同意操作”，如图 7-39 所示，即绑定成功。

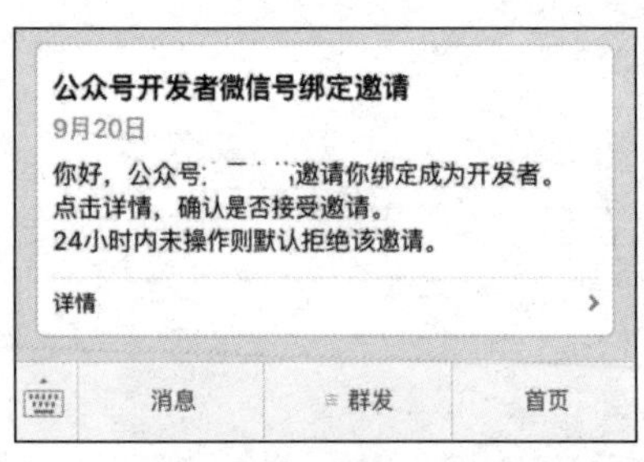

图 7-38　收到绑定邀请

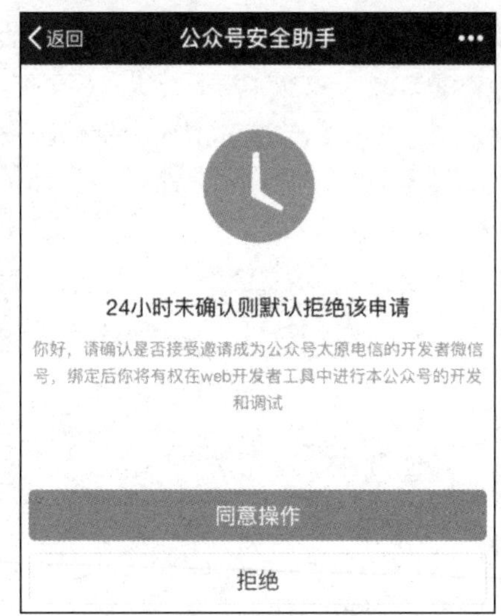

图 7-39　确认绑定界面

下载地址可打开以下网页，微信开发者文档，下拉到最下方根据自身系统下载，如图 7-40 所示。
https://mp.weixin.qq.com/wiki?t=resource/res_main&id=mp1455784140&token=&lang=zh_CN

下载地址

最新版本：(2016.05.19) 0.7.0

更新内容：

1.新增对卡券 JSSDK 的调试支持

2.修复个别情况下网络出错的问题

3.修复个别情况下 JSSDK 鉴权失败的问题

4.其他体验优化以及 bug 修复

Windows 64位版本：下载地址

MD5: 2e054987a0dabc967a39f2f0a4949e2b

Windows 32位版本：下载地址

MD5: 956946b0c0b19532ee622d38968effbf

Mac版本：下载地址

MD5: f078bc88cf433d0b73f4b2aded9bec65

图 7-40　下载 web 开发者工具

7.5.2　调试网页授权接口

1. 登录 web 开发者工具

之前在开发基于微信网页授权的功能时，开发者通常需要在手机上输入 URL 以获取用户信息，从而进行开发和调试工作。可是因为手机的诸多限制，这个过程很不方便。通过使用微信 web 开发者工具，从此开发者就可以直接在 PC 或者 Mac 上进行这种调试。

打开 web 开发者工具，单击右上方“登录”按钮，在弹出的界面扫码登录，且必须用在 7.5.1 小节中绑定过该公众号的微信扫码登录，如图 7-41 所示。

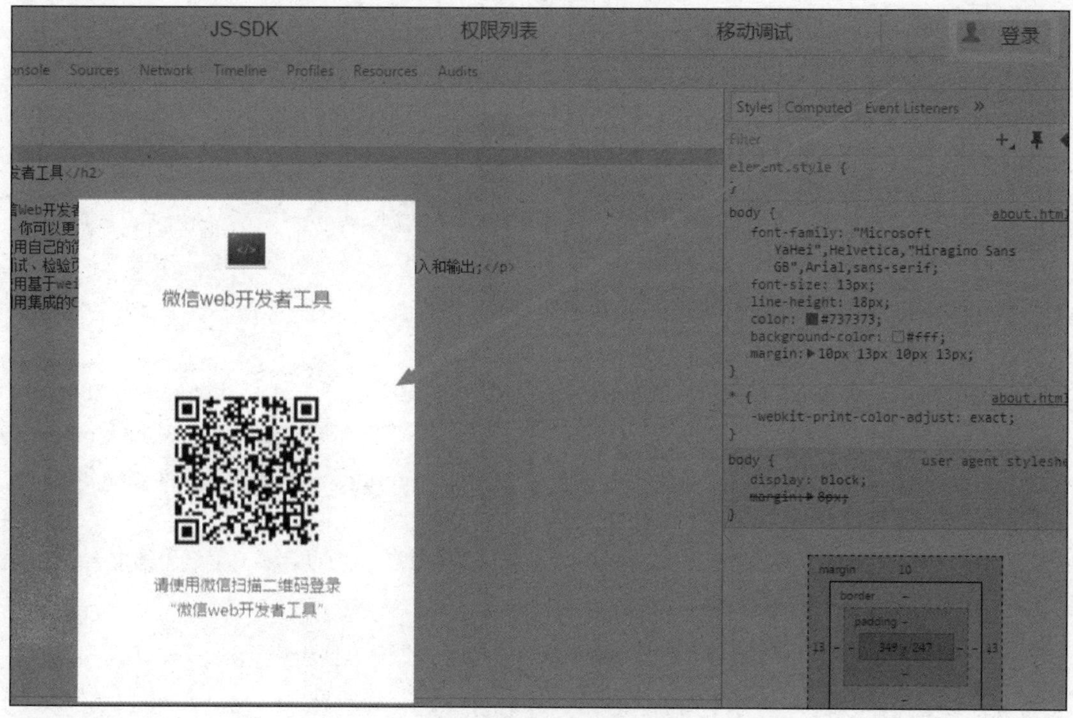

图 7-41　登录 web 开发者工具

完成登录和绑定后，开发者就可以开始调试微信网页授权了，要注意只能调试自己绑定过的公众号。

2. 网页授权接口，非静默授权的 URL

https://open.weixin.qq.com/connect/oauth2/authorize?appid=wx841a97238d9e17b2&redirect_uri=http://cps.dianping.com/weiXinRedirect&response_type=code&scope=snsapi_userinfo&state=type%3Dquan%2Curl%3Dhttp%3A%2F%2Fmm.dianping.com%2Fweixin%2Faccount%2Fhome

在微信 web 开发者工具中的地址栏输入类似的授权页 URL（样例不可直接使用，请更换为绑定完成的公众号授权页 URL），如图 7-42 所示。

图 7-42　在地址栏输入非静默授权 URL

webview 模拟器显示效果如图 7-43 所示。

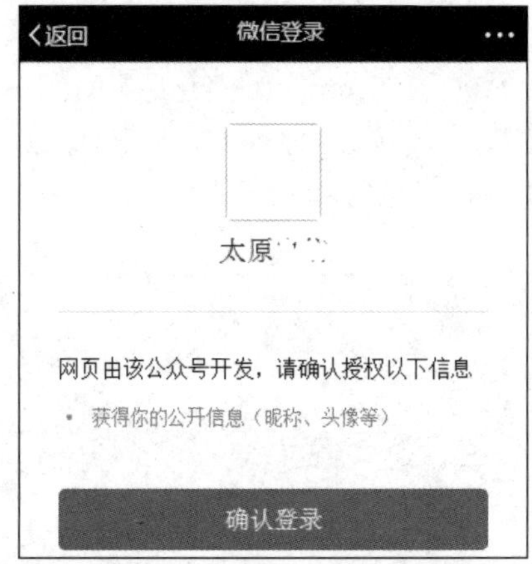

图 7-43　登录 web 开发者

单击“确认登录”按钮即可带着用户信息跳转到第三方页面，完全模拟手机效果，调试方便。

3．网页授权接口，静默授权的 URL

https://open.weixin.qq.com/connect/oauth2/authorize?appid=wx841a97238d9e17b2&redirect_uri=http://cps.dianping.com/weiXinRedirect&response_type=code&scope=snsapi_base&state=type%3Dquan%2Curl%3Dhttp%3A%2F%2Fmm.dianping.com%2Fweixin%2Faccount%2Fhome

在微信 web 开发者工具中打开类似的授权页 URL（样例不可直接使用，请更换为绑定完成的公众号授权页 URL），则会自动跳转到第三方页面。

请注意：如果使用了代理，需代理本身支持 https 直连，才能调试 https 页面。

7.5.3　模拟 JSSDK 权限校验

通过 web 开发者工具，可以模拟 JSSDK 在微信客户端中的请求，并直观地看到鉴权结果和 log。下面以微信 JSSDK DEMO 页面为例。

http://demo.open.weixin.qq.com/jssdk，将该网址输入 web 开发者工具地址栏，如图 7-44 所示。

运行后，可以方便地在右侧的 JS-SDK tab 中看到当前页面 wx.config 的校验情况和 JSSDK 的调用 log。校验通过的页面如图 7-45 所示。

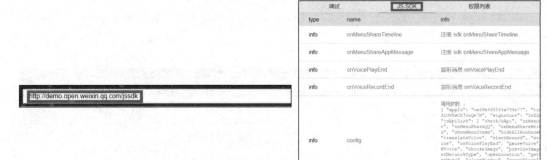

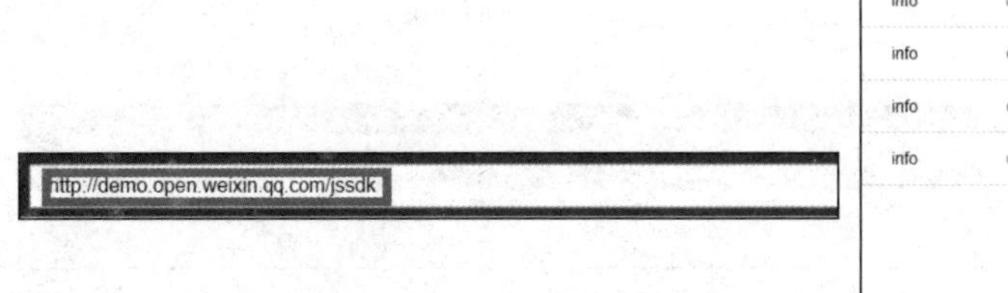

图 7-44　输入 JSSDK 网址

调试　JS-SDK　权限列表

type	name	info
info	onMenuShareTimeline	注册 sdk onMenuShareTimeline
info	onMenuShareAppMessage	注册 sdk onMenuShareAppMessage
info	onVoicePlayEnd	监听消息 onVoicePlayEnd
info	onVoiceRecordEnd	监听消息 onVoiceRecordEnd
info	config	调用参数 ： { "appId": "wxf8b4f85f3a794e77", "ti diUvNsCR7OnQe7N", "signature": "5e22 "jsApiList": ["checkJsApi", "onMenu e", "onMenuShareQQ", "onMenuShareWei s", "showMenuItems", "hideAllNonBase "translateVoice", "startRecord", "st ice", "onVoicePlayEnd", "pauseVoice" dVoice", "chooseImage", "previewImag etNetworkType", "openLocation", "get onMenu", "closeWindow", "scanQRCode" iew", "addCard", "chooseCard", "open 返回参数 ： { "errMsg": "config:ok" }

图 7-45　运行 JSSDK 校验通过

如果校验未通过，则显示错误信息，如图 7-46 所示。

调试	JS-SDK	权限列表	移动调试

type	name	info
info	onMenuShareTimeline	注册 sdk onMenuShareTimeline
info	onMenuShareAppMessage	注册 sdk onMenuShareAppMessage
info	showOptionMenu	返回参数 ： { "name": "showOptionMenu", "res": { "errMsg": "sh
error	config	调用参数 ： { "appId": "", "timestamp": "1474438233", "nonceSt Z", "signature": "4b577005ef273b97c73619f3510f1958 t": ["onMenuShareTimeline", "onMenuShareAppMessag] } 返回参数 ： { "errMsg": "config:invalid appid" }

图 7-46　运行 JSSDK 校验未通过

在“权限列表”tab 中，可以查询到当前页面拥有权限的 JS-SDK 列表，该权限为在 7.3.2 小节中讲到的 jsApiList[]中写入的权限列表，如图 7-47 所示。

appId: wxf8b4f85f3a794e77

拥有的权限		
checkJsApi	onMenuShareTimeline	onMenuShareAppMessage
onMenuShareQQ	onMenuShareWeibo	onMenuShareQZone
hideMenuItems	showMenuItems	hideAllNonBaseMenuItem
showAllNonBaseMenuItem	translateVoice	startRecord
stopRecord	playVoice	pauseVoice
stopVoice	uploadVoice	downloadVoice
chooseImage	previewImage	uploadImage

图 7-47　调用 JSSDK 页面权限列表

结合左侧的微信 webview 模拟器，可以直观地实时调试 JSSDK 的效果，如图 7-48 所示。

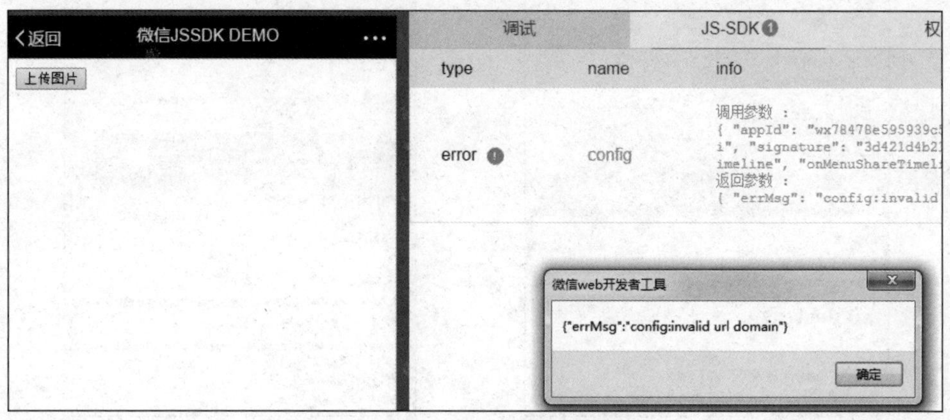

图 7-48　调用 JSSDK 页面权限列表

7.5.4 移动调试与 Chrome DevTools

1. 移动调试

移动端网页的表现，通常和桌面浏览器上有所区别，包括样式的呈现、脚本的逻辑等，这会给开发者带来一定的困扰。现在，微信安卓客户端 webview 已经开始全面升级至 X5 Blink 内核，新的内核无论是在渲染能力、API 支持还是在开发辅助上都有很大进步。通过微信 web 开发者工具中的远程调试功能，实时映射手机屏幕到微信 web 开发者工具上，将帮助开发者更高效地调试 X5 Blink 内核的网页。具体步骤如下。

（1）准备工作。

① 安装 0.5.0 或以上版本的微信 web 开发者工具。

② 确认移动设备支持远程调试功能。

打开微信 web 开发者工具，选择“移动调试”tab，单击看移动设备是否支持。随后使用移动设备扫描弹出的二维码，在设备上即可获得支持信息。

③ 打开移动设备中的 USB 调试功能。

打开移动设备，进入“设置”→“开发人员选项”，勾选“USB 调试功能”选项，如图 7-49 所示。

需要注意的是，Android 4.2 之后的设备，开发人员选项默认是隐藏的，可打开移动设备，进入“设置”→“关于手机”，找到并单击“内部版本号”7 次即可出现开发人员选项。

④ 安装移动设备 USB 驱动。

通常开发者可以在移动设备厂商的官网中下载到相关驱动，或者使用腾讯手机管家来安装设备驱动。

⑤ 打开 X5 Blink 内核的 inspector 功能。

打开微信 web 开发者工具，选择“移动调试”tab，使用设备扫描“调试步骤”中的二维码。

如图 7-50 所示，勾选“是否打开 TBS 内核 Inspector 调试功能”，并重启微信。

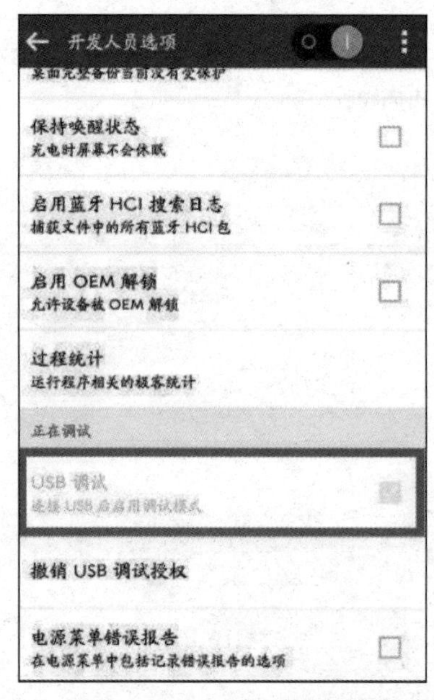

图 7-49 开启 USB 调试

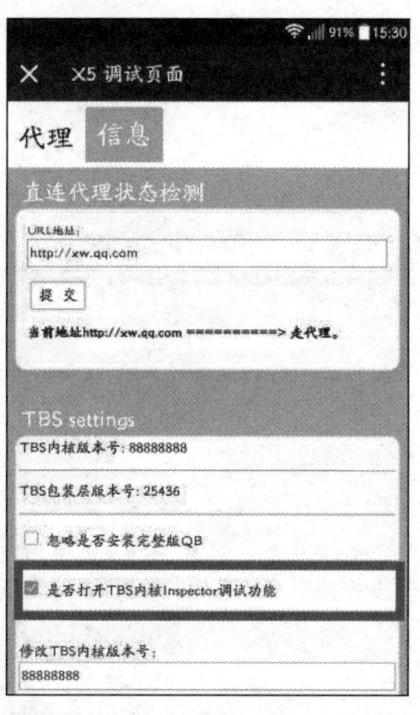

图 7-50 勾选 Inspector 调试功能

（2）开始调试。

使用 USB 数据线连接移动设备与 PC 或者 Mac 后，单击打开微信 web 开发者工具“移动调试” tab，选择 X5 Blink 调试功能，将会打开一个新窗口，在微信中访问任意网页即可开始调试。关于 X5 Blink 内核的更多信息，可以查看官网介绍。

在所有准备工作都完成的情况下，在窗口中可以看到当前设备的基本信息，如图 7-51 所示。

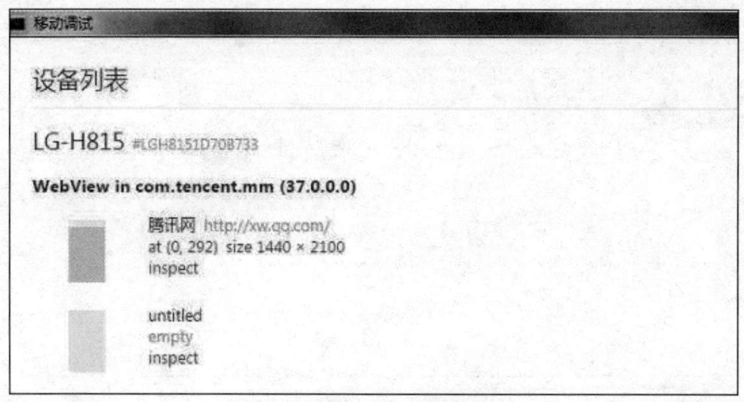

图 7-51　当前设备信息

单击任意页面的“inspect”，打开新窗口，开发者都会看到熟悉的调试界面，如图 7-52 所示。

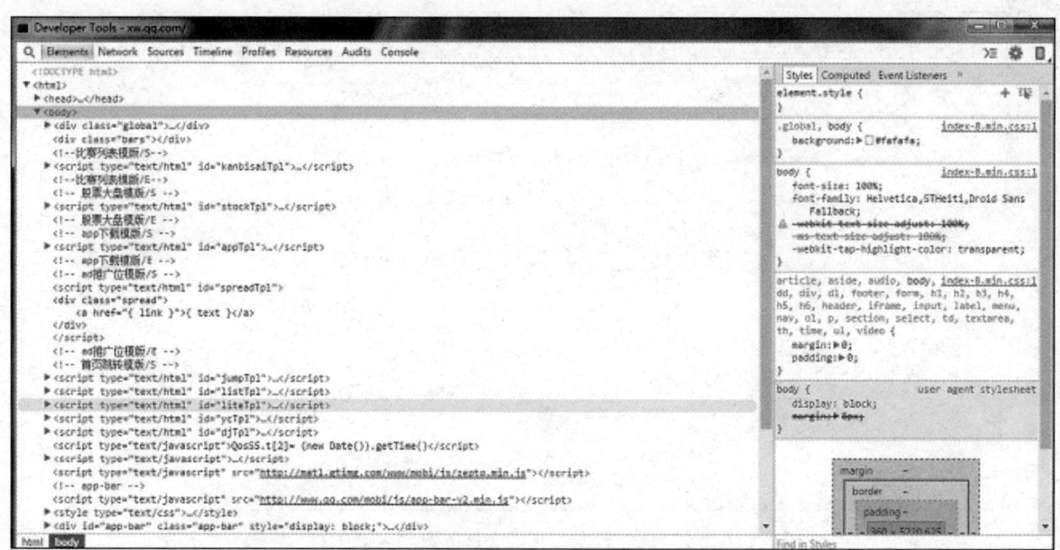

图 7-52　调试界面

单击上图右上角的“手机”图标，将启用屏幕映射功能，如图 7-53 所示。

（3）优点。

微信 web 开发者工具集成的移动调试功能，基于 weinre 并做了一些改进。相比于直接使用 weinre，有两个优点。

- 无须手工在页面中加入 weinre 调试脚本。

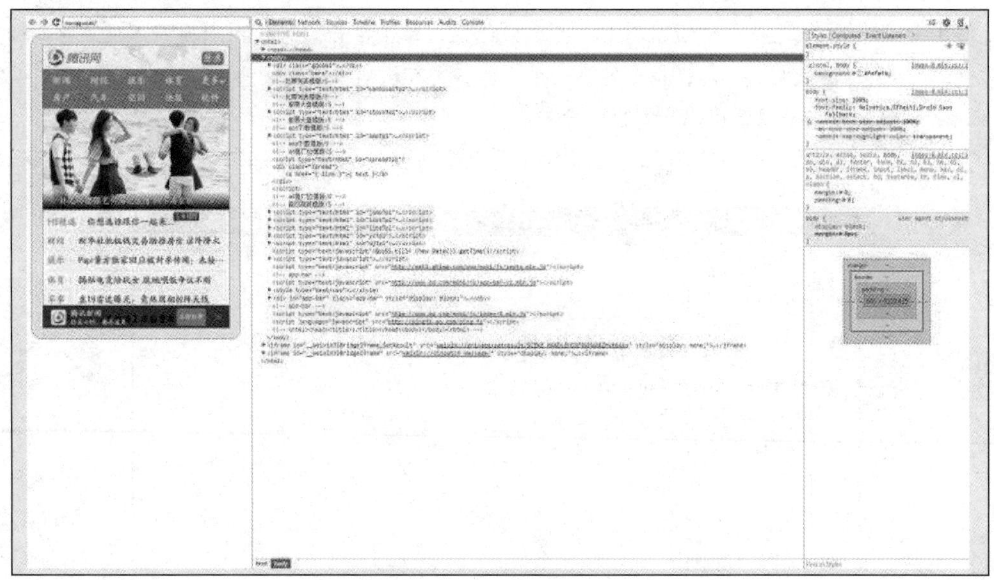

图 7-53 屏幕映射

- 可以在 weinre 的网络请求页面中，看到完整的 http 请求 log，非局限于 ajax 请求，如图 7-54 所示。

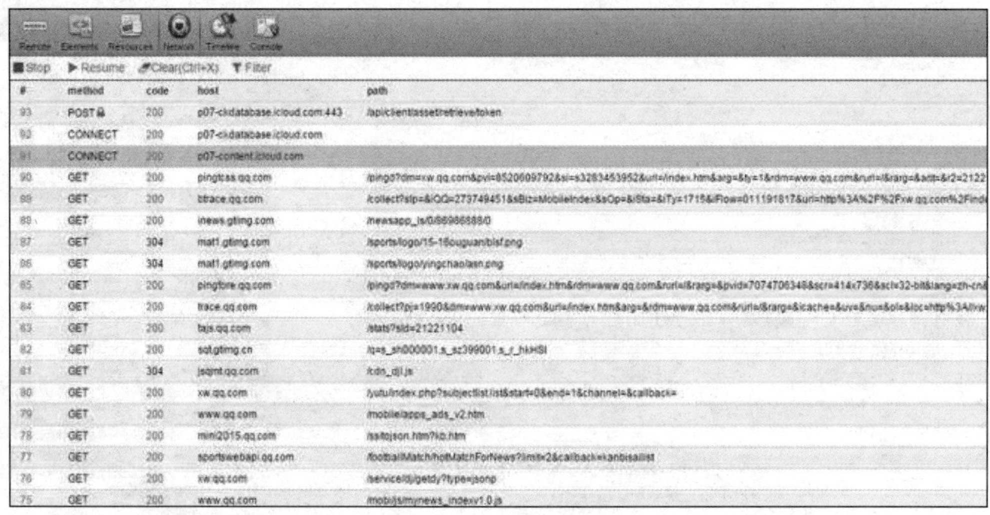

图 7-54 web 开发者工具集成的移动调试优点

请注意：移动调试功能暂不支持 https。

2. Chrome DevTools

微信 web 开发者工具集成了 Chrome DevTools。同之前在 PC 上的调试体验一致可以快速上手，如图 7-55 所示。

Chrome DevTools 是 Chrome 浏览器调试网页的工具，可以用来在线修改 html、css 等代码并可实时看到调试后的效果，是网页设计师必备的工具之一。

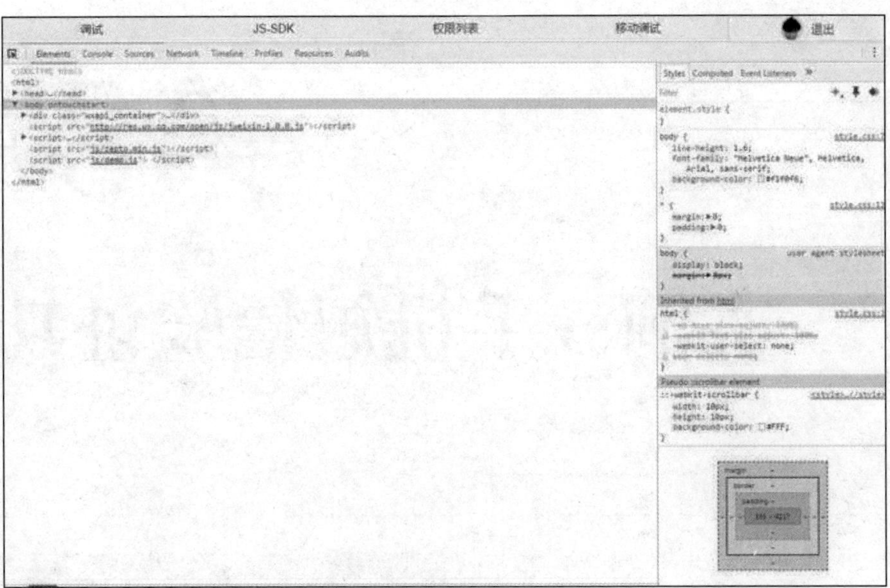

图 7-55　web 开发者工具 Chrome DevTools

PART08

第8章 实例：手机短信验证功能

重点知识：

- PHP与MySQL介绍
- 发送短信验证码
- 实现手机短信验证功能

■ 随着移动客户端应用的火爆，手机短信验证功能的便捷性逐步取代了传统网站、APP 的注册功能，能够使网站运营者更好地掌握用户的信息。微信公众平台应用也同样具有移动客户端的特性，且大多数都是通过使用手机短信验证实现登录、绑定、身份验证、下单、预约等功能的，是微信后期运营中必不可少的功能之一。

8.1 PHP 与 MySQL 介绍

每发送给用户一次短信验证码都会进行一次存储，与用户输入的验证码进行校验。校验一致后，用户手机中会显示短信验证成功的提示，这时方可进行下一步操作，从而实现短信验证功能。验证码的存储可以是缓存，也可以是数据库或其他方式。本章的短信验证功能是采用 PHP 操作 MySQL 数据库存储的方式实现的。

极客学院
jikexueyuan.com

极客学院在线视频学习网址：
http://www.jikexueyuan.com/course/1323_1.html
手机扫描二维码

短信验证码及 PHP 对 MySQL 操作的介绍

8.1.1 PHP 与 MySQL 的关系

可以打个比方，PHP 与 MySQL 的关系如中药房药师对采好的药材进行标记，分类排放在每个药箱中，以便快速取药。药师采药分类放入药箱以及取药的过程是通过 PHP 操作实现的，而存储的药箱就是一个庞大的数据库。PHP 操作可以和很多种数据库配合使用，在不同的项目规模以及便捷性上会使用不同的数据库，而大部分的需求 MySQL 都可以满足。相对而言，MySQL 整体的配合度以及使用度都比较高。

在本章讲解的短信验证功能实例中，短信验证码存储在数据库中包含手机号、验证码以及发送时间三个字段，通过校验实现此功能。

8.1.2 PHP 操作 MySQL 数据库实例

1. 创建数据库

PHP 操作 MySQL 之前，必须先创建一个数据库。可通过 phpMyAdmin 创建，运行本地环境 WAMP。单击桌面右下角的 WAMP 图标→“phpMyAdmin”，如图 8-1 所示。

进入 phpMyAdmin 后单击“数据库”按钮→填写创建的数据库名称，此处命名为“message”→选择编码“utf8_general_ci”→单击“创建”按钮，如图 8-2 所示。

在“message”数据库中创建一个数据表，命名为“message”，字段分别包括：

- id，每条记录的 ID 值，类型为 INT，并设置为主键，自增长。
- 手机号，命名为“phone”，类型为 VARCHAR。
- 验证码，命名为“numcode”，类型为 VARCHAR。
- 时间，取增加到数据库的时间，命名为“lasttime”，类型为 TIMESTAMP。

具体如图 8-3 所示。

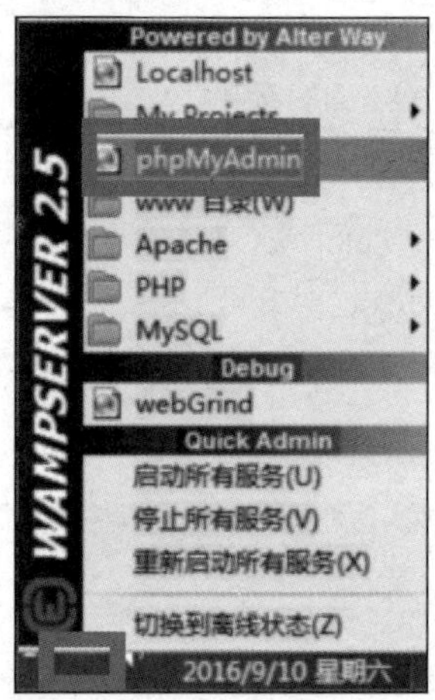

图 8-1　打开 WAMP 中的 phpMyAdmin 工具

图 8-2　在 phpMyAdmin 中创建一个数据库

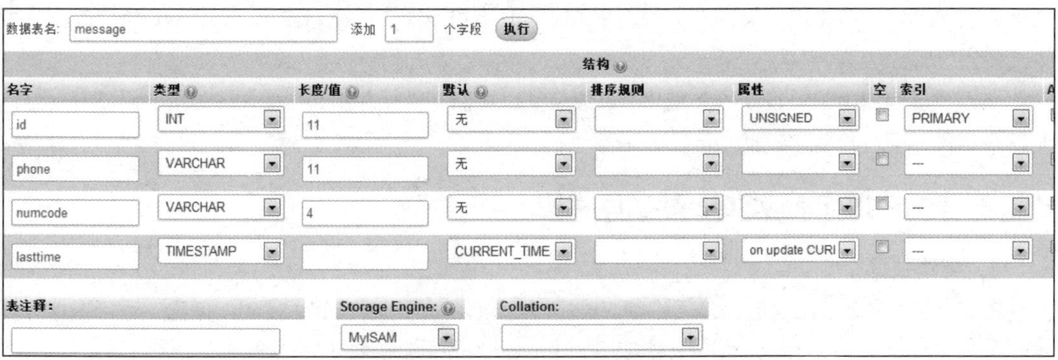

图 8-3　在 phpMyAdmin 中创建数据表并设置字段信息

单击“保存”按钮，即创建成功，如图 8-4 所示。

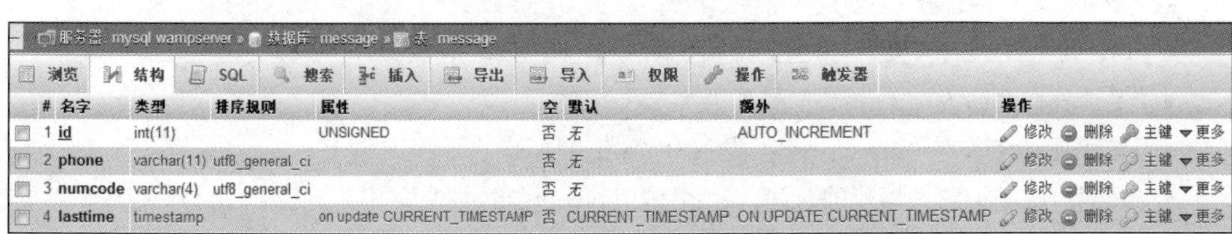

图 8-4　创建好的数据表

2. 操作数据库

（1）连接数据库。

数据库创建好之后，即可通过 PHP 操作。操作之前先连接数据库，代码如下。

```
try
{
$dbh = new PDO('mysql:host=连接地址;dbname=数据库名', '用户名', '密码');
}catch(Exception $e)
{
echo $e→getMessage();
}

$dbh→setAttribute(PDO::ATTR_ERRMODE, PDO::ERRMODE_EXCEPTION);
$dbh→exec('set names utf8');
```

✧ 代码解析

try

{

$dbh = new PDO('mysql:host=连接地址;dbname=数据库名', '用户名', '密码');

}

尝试连接数据库，host 为链接地址，本地即为“localhost”，dbname=数据库名，后面两个单引号分别为用户名和密码。

catch(Exception $e)

{

echo $e→getMessage();

}

如果连接失败，即输出错误信息。

$dbh→setAttribute(PDO::ATTR_ERRMODE, PDO::ERRMODE_EXCEPTION);设置报错配置。

$dbh→exec('set names utf8');设置操作数据库编码为 ut8。

pdo 连接数据库需要服务器的 PHP 运行环境支持其扩展，可在 phpinfo()中查看是否已支持，若不支持需手动更改，方法可百度，这里不详细阐述。

（2）PHP 操作数据库。

① 增加一条数据，代码如下。

```
$sql="insert into message(phone,numcode) values ('18035194xxx','1234')";
$res=$dbh→exec($sql);
echo $res;
```

✧ 代码解析

创建增加记录的 sql 语句为：

$sql="insert into message (phone , numcode) values ('18035194xxx','1234')";sql 语句的值的部分，即 18035194xxx 和 1234 需要加单引号；

$res=$dbh→exec($sql);执行增加语句，exec()方法为执行语句，返回受影响的行数；

echo $res;输出，如果大于 0，即执行成功。

本段代码是对 message 数据表增加一条数据，分别定义 phone、numcode 字段的值为 18035194×××和 1234，然后执行并返回影响行数。

效果如图 8-5 所示。

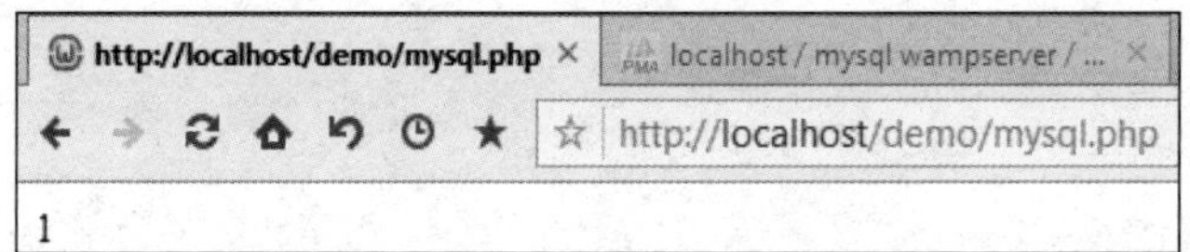

图 8-5　增加记录执行成功，返回受影响行数

数据库成功增加这条记录，如图 8-6 所示。

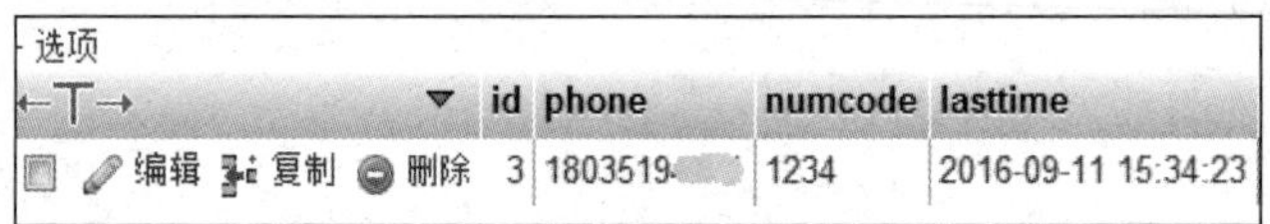

图 8-6　成功增加到数据库

② 修改一条数据，代码如下。

```
$sql="update message set phone='123456789' where id = '3'";
$res=$dbh→exec($sql);
if($res == "1")
{
echo "修改成功";
}
```

✧　代码解析

创建修改记录的 sql 语句为：

$sql="update message set phone='123456789' where id = '3'";修改 message 数据表中的 id 为“3”的数据，设置该条数据中的 phone 字段，设置该字段值为“123456789”。

```
$res=$dbh→exec($sql);
if($res > "0")
{
    echo "修改成功";
}
```

执行该 sql 语句，并返回受影响的行数，如果大于 0，则执行成功，并输出“修改成功”，效果如图 8-7 所示。

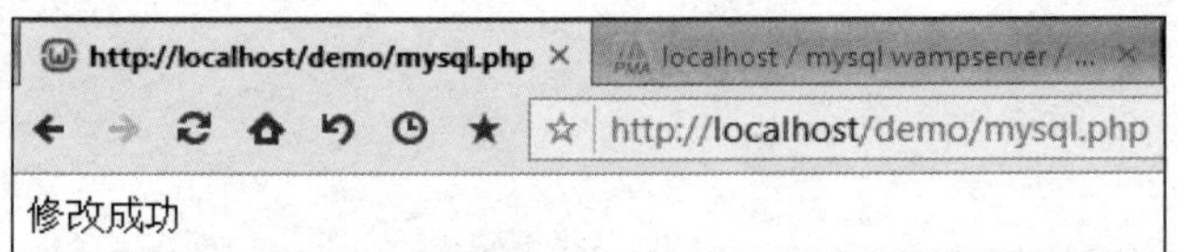

图 8-7　修改数据库程序运行成功

数据库中这条记录的 phone 字段值已成功更改为“123456789”，如图 8-8 所示。

图 8-8　记录值成功被修改

③ 查询数据，代码如下。

```
$sql="select * from message where id='3'";
$stmt=$dbh→query($sql);
$row=$stmt→fetch();
print_r($row);
```

✧　代码解析

创建查询的 sql 语句为：

$sql="select * from message where id='3'";查询 message 数据表中 id 为 “3” 这条记录的全部字段信息。

$stmt=$dbh→query($sql);执行 sql 语句。

$row=$stmt→fetch();遍历查询返回的结果集为数组格式。

print_r($row);输出数组，效果如图 8-9 所示。

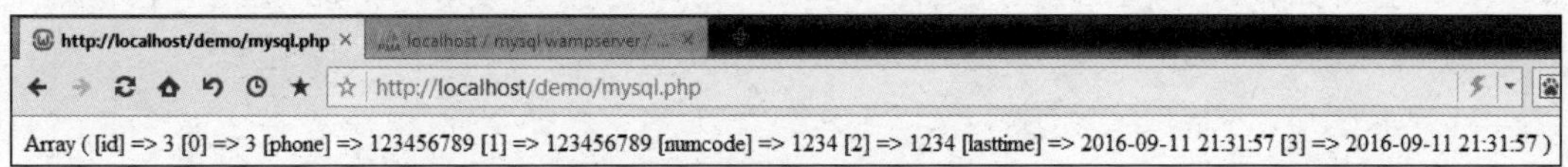

图 8-9　查询数据库中的一条记录

如果数据库有多条记录，查询代码如下。

```
$sql="select * from message";
$stmt=$dbh→query($sql);
while ( $row=$stmt→fetch()) {
 print_r($row);
}
```

✧　代码解析

创建查询 message 表中所有数据的 sql 语句为：

$sql="select * from message";

$stmt=$dbh→query($sql);执行 sql 语句。

```
while ( $row=$stmt→fetch()) {
        print_r($row);
}
```

通过 while 循环遍历结果集为数组格式，效果如图 8-10 所示。

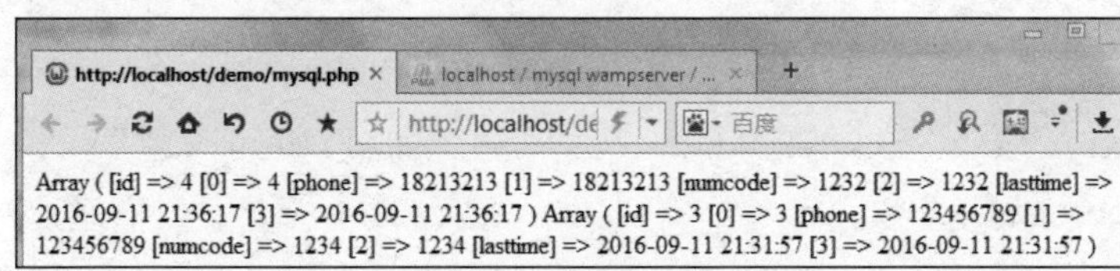

图 8-10　查询数据库中的所有记录

8.2 短信验证码实现方式

通过第三方接口，可以实现发送短信验证码到用户手机客户端的功能。调用第三方接口，首先需要选择合适的接口。

极客学院
jikexueyuan.com

极客学院在线视频学习网址：
http://www.jikexueyuan.com/course/2422_2.html
手机扫描二维码

短信接口调用实例并处理得到有效数据

1. 查找合适的接口

在第 4 章中推荐查找接口的站点分别是：百度 APIStore 与聚合数据，本节仍然在这两个站点中查找合适的短信接口，如图 8-11 所示。大部分短信接口都是收费的，本节学习的是调用方法，如已有自身的短信接口，可根据对应的接口文档调用并发送短信。

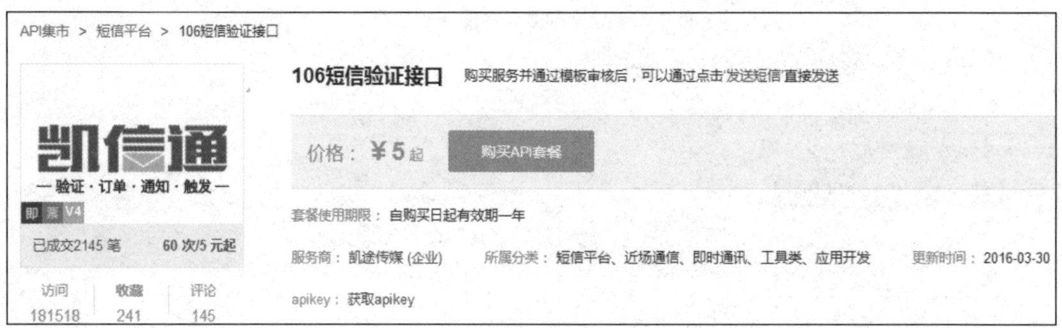

图 8-11 106 短信接口

请注意：该短信接口已升级，需要在购买服务后，报备使用者信息，包括购买成功订单号、联系人、联系电话以及使用模板，未报备将无法使用此接口，具体信息可打开以下网址查看。

网址为：http://apistore.baidu.com/apiworks/servicedetail/1018.html。

2. 调用短信接口步骤

（1）查看接口文档。

进入接口详情页后下滑到下方查看接口文档，如图 8-12 所示。

请求方式：GET

接口地址：http://apis.baidu.com/kingtto_media/106sms/106sms

（2）了解接口中的每项参数。

调用参数说明，如表 8-1 所示。

图 8-12　短信接口文档

表 8-1　短信接口参数说明

参数	类型	是否必需	位置	说明	默认值
apikey	string	是	header	API 密钥	您自己的 apikey
mobile	string	是	urlParam	发送号码：多个号码用半角逗号隔开，每个号码计费一条	13205516161
content	string	是	urlParam	只支持验证码、订单、物流及各种通知类、触发类短信的发送，不支持具有营销性质或者任何非法违规的内容	【极客学院】验证码：888888
tag	number	是	urlParam	返回值格式：1 为 xml，2 为 json；默认为 1	1

Apikey 参数的默认值需要获取，单击“您自己的 apikey”即可，如图 8-13 所示。

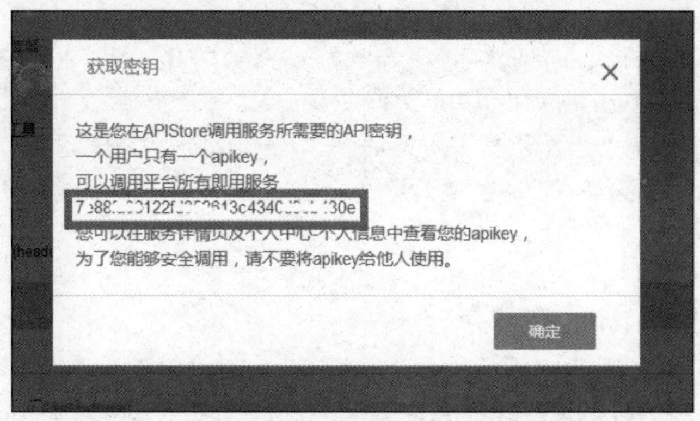

图 8-13　短信接口 apikey

单击“请求示例”中“php 示例”，出现如图 8-14 所示代码。

请求示例：

curl示例　php示例　python示例　java示例　C#示例　ObjectC示例　Swift示例

```php
<?php
    $ch = curl_init();
    $url = 'http://apis.baidu.com/kingtto_media/106sms/106sms?mobile=13205516161&content=%E3%80%90%E5%87%AF%E4%BF%A1%E9%80%9A%E3%80%91%E6%82%A8%E7%9A%84%E9%AA%8C%E8%AF%81%E7%A0%81%EF%BC%9A888888';
    $header = array(
        'apikey: 您自己的apikey',
    );
    // 添加apikey到header
    curl_setopt($ch, CURLOPT_HTTPHEADER  , $header);
    curl_setopt($ch, CURLOPT_RETURNTRANSFER, 1);
    // 执行HTTP请求
    curl_setopt($ch , CURLOPT_URL , $url);
    $res = curl_exec($ch);

    var_dump($res);
?>
```

图 8-14　PHP 调用短信接口代码

返回说明：

正常情况下，调用短信接口会返回如下数据包，分别包括 JSON 格式与 XML 格式。

```
JSON 返回示例：
{
"returnstatus": "Success",---------- 返回状态值：成功返回Success 失败返回：Faild
"message": "ok",---------- 返回信息
"remainpoint": "0",---------- 运营商结算无意义，可不用解析
"taskID": "123456",---------- 返回本次任务的序列ID
"successCounts": "1"---------- 返回成功短信数
}

XML 返回示例：
--------------------------------------------------------------------------------------------------
<?xml version="1.0" encoding="utf-8" ?>
<returnsms>
<returnstatus>status</returnstatus>---------- 返回状态值：成功返回Success 失败返回：Faild
<message>message</message>---------- 返回信息
<remainpoint> remainpoint</remainpoint>---------- 运营商结算无意义，可不用解析
<taskID>taskID</taskID>---------- 返回本次任务的序列ID
<successCounts>successCounts</successCounts>---------- 返回成功短信数
</returnsms>
```

当该返回数据包中的“returnstatus”信息值为 Success 时，证明短信发送成功；如果为 Faild 时，证明短信发送失败。

（3）使用 CURL 调用接口。

新建 PHP 文件并存储到 PHP 运行目录下，本书 WAMP 本地环境绝对路径为：D://WAMP/www/，输入“天气预报接口文档”中的 PHP 示例代码并替换短信发送内容与 apikey，代码如下。

```
<?php
$phonenum="18035194111";
$phonecode=rand(1000,9999);
$content="【极客学员微信】".$phonecode;
$ch = curl_init();
$url = 'http://apis.baidu.com/kingtto_media/106sms/106sms?mobile='.$phonenum.'&content='.$content.'';
$header = array(
'apikey: 7e88fa00122fd852613c4340d9cb430e',
);
// 添加apikey到header
curl_setopt($ch, CURLOPT_HTTPHEADER    , $header);
curl_setopt($ch, CURLOPT_RETURNTRANSFER, 1);
// 执行HTTP请求
curl_setopt($ch , CURLOPT_URL , $url);
$res = curl_exec($ch);

var_dump($res);
?>
```

✧ 代码解析

$phonenum="1803519××××";

$rand=rand(1000,9999);

$contet="【极客学员微信】".$phonecode;;

设置要发送的短信号码、随机验证码以及短信发送的内容。

$ch = curl_init();初始化 curl 服务，设定 header 数组：apikey 及其参数；

curl_setopt($ch, CURLOPT_HTTPHEADER   , $header);设置 HTTP 头字段的数组为$header；

curl_setopt($ch, CURLOPT_RETURNTRANSFER, 1);将 curl_exec()获取的信息以文件流的形式返回；

curl_setopt($ch , CURLOPT_URL , $url);需要获取的 URL 地址；

$res = curl_exec($ch);将返回的信息赋值给变量$res；

var_dump(json_decode($res));输出经过编码转换为数组的 JSON 返回数据。

运行程序，效果如图 8-15 所示。

图 8-15　程序调用返回信息

手机收到短信，如图 8-16 所示。

3. 将验证码信息添加到数据库

短信验证码应在短信发送成功时存储，当返回信息中包含“ok”字符时，执行存储操作，代码如下。

图 8-16　手机收到短信效果

```
<?php
$phonenum="18035194111";
$phonecode=rand(1000,9999);
$content="【极客学员微信】".$phonecode;
$ch = curl_init();
$url = 'http://apis.baidu.com/kingtto_media/106sms/106sms?mobile='.$phonenum.'&content='.$content.'';
$header = array(
'apikey: 7e88fa00122fd852613c4340d9cb430e',
);
// 添加apikey到header
curl_setopt($ch, CURLOPT_HTTPHEADER  , $header);
curl_setopt($ch, CURLOPT_RETURNTRANSFER, 1);
// 执行HTTP请求
curl_setopt($ch , CURLOPT_URL , $url);
$res = curl_exec($ch);
//echo $res;

if(strpos("$#".$res,"ok"))
{
    include_once("mysql.php");
    $sql="insert into message(phone,numcode) values('".$phonenum."','".$phonecode."')";
        $res=$dbh→exec($sql);
        if($res == 1)
        {
            echo "添加成功";
        }
}
?>
```

✧　代码解析

发送短信验证码获取返回信息代码部分已讲解，在获取到返回信息并赋值给变量$res 后，通过 if(strpos("$#".$res,"ok")){}判断是否包含“ok”，strpos 函数可以返回指定字符在源字符串中出现的位置，如果大于 1，则该源字符串包含该字符，在源字符串最前面加“$#”是为了防止指定字符出现在第一个时返回 0 的情况。

include_once("mysql.php");判断该变量信息包含“ok”后，包含在 8.1.1 小节中创建的 mysql.php 文件，该文件输入了连接数据库的代码，所以包含后可以直接操作数据库。

```
$sql="insert into message(phone,numcode) values ('".$phonenum."','".$yanma."')";
$res=$dbh→exec($sql);
if($res == 1)
{
    echo "添加成功";
}
```

创建 sql 语句并执行，如果返回影响行数不为 0，即执行成功，输出“添加成功”，如图 8-17 所示。

图 8-17　php 成功将验证码存入数据库

打开数据库查看，该信息已被存储，如图 8-18 所示。

←T→				id	phone	numcode	lasttime
☐	编辑	复制	删除	5	18[illegible]11	6863	2016-10-01 11:17:44
☐	编辑	复制	删除	4	18213213	1232	2016-09-11 21:36:17
☐	编辑	复制	删除	3	123456789	1234	2016-09-11 21:31:57

图 8-18　验证码信息成功存储到数据库

8.3　手机短信验证功能实例

将验证码相关信息存储到数据库之后，验证用户提交的手机短信验证码是否正确，需要通过创建验证页面、填写验证信息并提交、查询数据库验证码是否正确以及返回验证结果实现整个验证流程。

极客学院
jikexueyuan.com
极客学院在线视频学习网址：
http://www.jikexueyuan.com/course/2422_4.html
手机扫描二维码
通过查询数据库，实现手机短信验证功能实例

8.3.1　短信验证码验证界面

首先，需要创建一个验证界面，定义本页面为 send.php，这个界面包含的内容分别是手机号、验证码、获取验证码按钮与提交按钮。该页面中，HTML 代码如下。

```
<html>
```

```
<head>
<meta content="width=device-width, initial-scale=1.0, maximum-scale=1.0, user-scalable=0" name=
"viewport">
<title>短信发送实例</title>
</head>

<body>
<div  style="position:absolute; top:30%;left:25%;">
<form action="" method="post">
手机号：<input type="text" name="phonenum" id="phone"><br>
验证码：<input type="text" name="numcode"><br>
<input type="button" name="send" value="发送验证码">
<input type="submit" name="setsub">
</form>
</div>
</body>
</html>
```

✧ 代码解析

这是一个简单的 HTML 页面

<form action="" method="post">

手机号：<input type="text" name="phonenum" id="phone">

验证码：<input type="text" name="numcode">

<input type="button" name="send" value="发送验证码">

<input type="submit" name="setsub">

</form>

包括填写“手机号”和“手机验证码”的表单以及“发送验证码”与“提交”的按钮，通过 POST 数据提交到本页面。

<div style="position:absolute; top:30%;left:25%;"></div>

同时使用 div 标签定位，定位在顶部 30%、左边 25%的距离。

效果如图 8-19 所示。

图 8-19　短信验证页面

8.3.2 短信验证码实现流程

1. 输入手机号，单击“发送验证码”按钮，发送验证码

用户输入手机号后单击“发送验证码”按钮，需要在页面不刷新的情况下发送短信验证码。这里用到 AJAX，代码如下。

```
<html>
<head>
<meta content="width=device-width, initial-scale=1.0, maximum-scale=1.0, user-scalable=0" name=
"viewport">
<title>短信发送实例</title>
<script type="text/javascript" src="jquery.min.js"></script>
<script type="text/javascript">
function sendmessage(){
var phone=$("#phone").val();
datestr="ajax_phone="+phone;
$.ajax({
      type: "POST",
      url: "send_mess.php",
      data: datestr,
      cache: false,
      success: function(result)
      {
            if(result == "11")
            {
               $("#hint").html("手机号未填写");
               return false;
            }else if(result == "22"){
               alert("发送成功，请注意查收");
               return false;
            }
      }
      })
}
</script>



</head>


<body>
<div   style="position:absolute; top:30%;left:25%;">
<form action="" method="post">
```

```
手机号：<input type="text" name="phonenum" id="phone"><br>
验证码：<input type="text" name="numcode"><br>
<input type="button" onClick="sendmessage()" name="send" value="发送验证码">
<input type="submit" name="setsub">
</form>
</div>
</body>
</html>
```

✧ 代码解析

<input type="button" onClick="sendmessage()" name="send" value="发送验证码">

在 HTMl 代码的基础上，增加“发送验证码”按钮的单击事件，当单击该按钮时运行 sendmessage() 函数。

<script type="text/javascript" src="jquery.min.js"></script>，包含 jquery 文件，AJAX 运行需要。

```
<script type="text/javascript">
//定义 sendmessage()函数，该函数的作用是触发短信发送程序并返回发送结果。
function sendmessage(){
//获取 ID 为“phone”的 value 值并赋给变量 datestr
var phone=$("#phone").val();
datestr="ajax_phone="+phone;
//运行 ajax，以 POST 方式将数据发送到 send_mess.php 程序页（该程序为发送短信验证码），数据内容为 datestr，无缓存
$.ajax({
    type: "POST",
    url: "send_mess.php",
    data: datestr,
    cache: false,
    //接收返回数据，值为 result。当 result 为 11 时，意味着手机号未填写；如果为 22，则短信验证码发送成功；如果为 33，则短信验证码发送失败。
    success: function(result)
   {
       if(result == "11")
       {
          alert("手机号未填写");
          return false;
       }else if(result == "22"){
          alert("发送成功，请注意查收");
          return false;
       } else if(result == "33"){
```

```
                alert("发送失败，请稍后再试");
                return false;
            }

        }
        })
    }
    </script>
```

send_mess.php 程序页面的代码如下。

```
<?php
if($_POST['ajax_phone'])
{
    $phonenum=$_POST['ajax_phone'];
    if(empty($phonenum))
    {
    echo "11";exit;
    }

    $phonenum="1803519****";
    $phonecode=rand(1000,9999);
    $content="【极客学员微信】".$phonecode;
    $ch = curl_init();
    $url = 'http://apis.baidu.com/kingtto_media/106sms/106sms?mobile='.$phonenum.'&content='.$content.'';
    $header = array(
    'apikey: 7e88fa00122fd852613c4340d9cb430e',
);
    // 添加apikey到header
    curl_setopt($ch, CURLOPT_HTTPHEADER , $header);
    curl_setopt($ch, CURLOPT_RETURNTRANSFER, 1);
    // 执行HTTP请求
    curl_setopt($ch , CURLOPT_URL , $url);
    $res = curl_exec($ch);

if(strpos("$#".$res,"ok"))
{
    include_once("mysql.php");
    $sql="insert into message(phone,numcode) values ('".$phonenum."','".$phonecode."')";
    $res=$dbh→exec($sql);
    if($res == 1)
    {
        echo "22";
```

```
    }
}else
    {
    echo "33";exit;
    }
}
?>
```

✧ 代码解析

此程序页代码功能是发送短信验证码，所以是以 8.2 节中发送验证码的代码为基础的。

```
//当以 POST 的方式获取到 ajax_phone 的值时，运行发送短信验证码的程序。
if($_POST['ajax_phone'])
{
}
//获取 ajax_phone 手机号的值。
$phonenum=$_POST['ajax_phone'];
if(empty($phonenum))
{
 echo "11";exit;//如果手机号为空，返回“11”。
}
//接下来是调用接口发送短信验证码，已在 8.2 节中详细讲解。
if(strpos("$#".$res,"ok"))
{
include_once("mysql.php");
$sql="insert into message(phone,numcode) values ('".$phonenum."','".$phonecode."')";
$res=$dbh→exec($sql);
if($res == 1)
{
    echo "22";
}
}else
{
    echo "33";exit;
}
```

调用接口发送短信验证码后，若发送成功，即将相关信息存储到数据库。如果存储成功，返回“22”；如果不成功，返回“33”。

当输入手机号码并单击“发送短信验证码”按钮时，效果如图 8-20 和图 8-21 所示。

2. 填入验证码，单击“提交”按钮，判断是否填写一致

当用户接收到验证码后，会输入验证码，并单击“提交”按钮，此时需要判断用户输入的验证码是否与发送到该手机号最后的一条短信验证码一致。

该部分代码写在 send.php 页面，具体如下。

图 8-20　运行发送短信程序

图 8-21　接收到短信验证码

```
<?php
if($_POST['setsub'])
{
$phonenum=$_POST['phonenum'];
$numcode=$_POST['numcode'];
include_once("mysql.php");
$sql="select * from message where phone='".$phonenum."'  order by id desc limit 1";
$stmt=$dbh->query($sql);
$row=$stmt->fetch();

if($row['numcode']==$numcode)
 {
   echo "<script language='javascript'>alert('验证成功');location='http://www.baidu.com';</script>";
   }else
   {
   echo "<script language='javascript'>alert('验证失败');history.go(-1);</script>";
   }
}
?>
```

✧　代码解析

```
if($_POST['setsub'])
{
}
```

当单击“提交”按钮后，运行{}内的程序。

```
$phonenum=$_POST['phonenum'];
$numcode=$_POST['yannum'];
```

分别获取用户输入的手机号码和短信验证码。

```
include_once("mysql.php");
$sql="select * from message where phone='".$phonenum."'  order by id desc limit 1";
$stmt=$dbh→query($sql);
$row=$stmt→fetch();
```

包含数据库文件，并通过手机号码查询发送给该手机号时间最后的一条短信验证码。

```
if($row['numcode']==$numcode)
{
    echo "<script language='javascript'>alert('验证成功');
location='http://www.baidu.com';</script>";
}else
{
    echo "<script language='javascript'>alert('验证失败');history.go(-1);</script>";
}
```

3. 返回结果

将查询到的数据库信息与用户输入的信息相对比，如果验证成功，即运行后面的程序，效果如图 8-22 和图 8-23 所示，跳转到登录成功页面；如果页面显示“验证失败”，效果如图 8-24 所示。

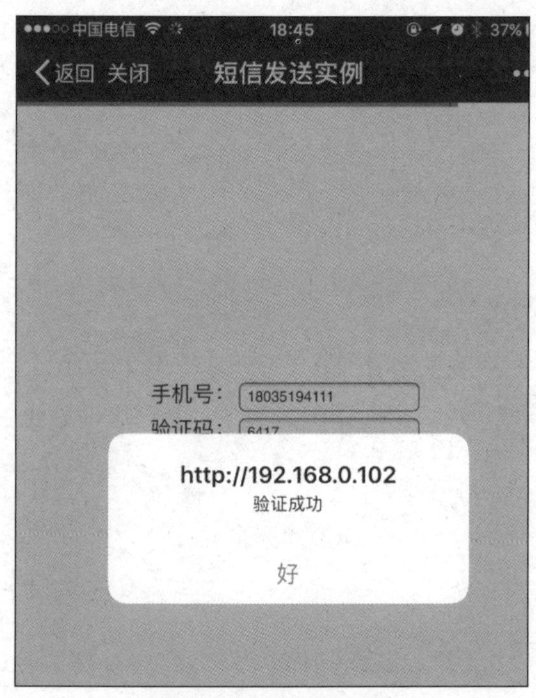

图 8-22　短信验证成功

图 8-23　运行成功后跳转百度

图 8-24　短信验证失败

此时，send.php 的全部代码如下。

```
<?php
if($_POST['setsub'])
{
	$phonenum=$_POST['phonenum'];
	$numcode=$_POST['numcode'];
	include_once("mysql.php");
	$sql="select * from message where phone='".$phonenum."'   order by id desc limit 1";
	$stmt=$dbh→query($sql);
	$row=$stmt→fetch();
```

```
        if($row['numcode']==$numcode)
        {
            echo "<script language='javascript'>alert('验证成功');location='http://www.baidu.com';</script>";
        }else
        {
            echo "<script language='javascript'>alert('验证失败');history.go(-1);</script>";
        }
}
?>

<html>
<head>
<meta content="width=device-width, initial-scale=1.0, maximum-scale=1.0, user-scalable=0" name=
"viewport">
<title>短信发送实例</title>
<script type="text/javascript" src="jquery.min.js"></script>
<script type="text/javascript">
function sendmessage(){
var phone=$("#phone").val();
datestr="ajax_phone="+phone;
$.ajax({
    type: "POST",
    url: "send_mess.php",
    data: datestr,
    cache: false,
    success: function(result)
 {
        if(result == "11")
        {
            $("#hint").html("手机号未填写");
            return false;
        }else if(result == "22"){
            alert("发送成功，请注意查收");
            return false;
        }else if(result == "33"){
            alert("发送失败，请稍后再试");
            return false;
        }
    }
    })
}
</script>
</head>
<body>
<div    style="position:absolute; top:30%;left:25%;">
```

```
<form action="" method="post">
手机号：<input type="text" name="phonenum" id="phone"><br>
验证码：<input type="text" name="numcode"><br>
<input type="button" onClick="sendmessage()" name="send" value="发送验证码">
<input type="submit" name="setsub">
</form>
</div>
</body>
</html>
```

短信验证的目的是证明身份，验证成功后可以实现很多功能，如绑定、登录、下单、叫车等，可根据自身需求灵活运用短信手机验证功能。

PART09

第9章

实例：微信绑定功能

重点知识：

微信绑定介绍及流程解析 ■
手机号与微信绑定 ■

■ 任何新产品的出现都是为了解决用户方便的问题，微信的出现方便了人与人之间的沟通，淘宝的出现方便了购物，百度的出现方便了人们获取知识。本章将要讲到的绑定功能，同样是为了方便用户，而且是当下很多互联网产品中必备的功能，如美团绑定手机号后可以直接用手机号登录、下单，运营商绑定手机号后可直接在其微信公众号中订购流量等。

9.1 微信绑定介绍

绑定是为了给用户提供更加优质的体验，减少用户的操作步骤，以更加快捷地实现用户需求。

极客学院
jikexueyuan.com

极客学院在线视频学习网址：
http://www.jikexueyuan.com/course/ 2617_1.html
手机扫描二维码

微信绑定介绍及流程解析

9.1.1 微信绑定介绍

微信绑定是指将用户在微信平台中的注册信息与微信账号关联的过程。效果是在微信平台可直接使用微信账号的信息并以该账号所绑定的注册用户身份的形式在平台活动。

假设：美团的注册账号为×××，这时美团的微信公众号上线绑定微信功能，可以将注册账号和微信绑定。绑定成功后，下次再从美团公众号进入美团网页时就无须登录，可以直接跳转至登录成功后的美团首页，且是以×××账号的身份在活动，付款时使用的全部都是×××的账号信息。

在这个过程中，用户省去了每次进入美团时都需要登录账号的烦琐过程，体验得到了大大的提升。

9.1.2 微信绑定主流的两种方式介绍

1. 微信与手机号码绑定

通过实现手机短信验证的方式进行绑定操作。在微信公众平台中，常常会见到在进入登录页面时，要求输入手机号并短信验证。验证成功后，再次进入该网页时就无须验证，而是直接进入登录成功后的页面。这个过程同时完成了注册与绑定。

2. 微信与网站账号绑定

老用户在微信公众平台以原有账号的方式进行微信绑定操作。一般用在已有网站或者 App 的情况下，增加了微信公众平台。为了辨别该用户是原网站或 App 的用户，以绑定的方式识别身份。

3. 绑定流程解析

无论是手机号绑定还是网站账号绑定，都会用到微信公众平台非常重要的一个参数：openid，其实就是手机号或者网站账号与用户的微信 openid 绑定。微信绑定流程，如图 9-1 所示。

解析：用户进入绑定页面时首先会提示手机号验证或者网站账号登录，在这个过程中会带上微信用户的 openid，当手机号验证或者网站登录成功后，会将该手机号或者网站账号与该用户的微信 openid 存储到数据库完成绑定操作。这样再次进入该网站时会先通过 openid 查询数据库，如果已绑定即直接赋予登录成功权限并跳转至登录成功后的页面。

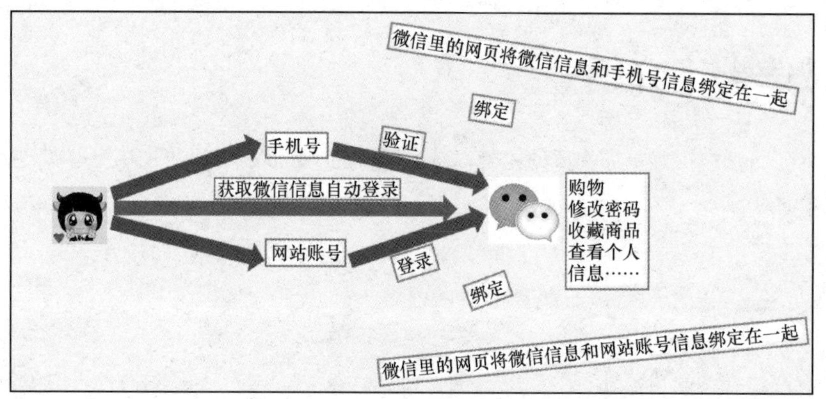

图 9-1　微信绑定流程

9.2　微信与手机号绑定实例

手机号绑定所需的两个前提条件：手机短信验证以及用户的 openid，这在前面章节中都已详细讲解。有了这个前提，手机号绑定将会变得非常简单。

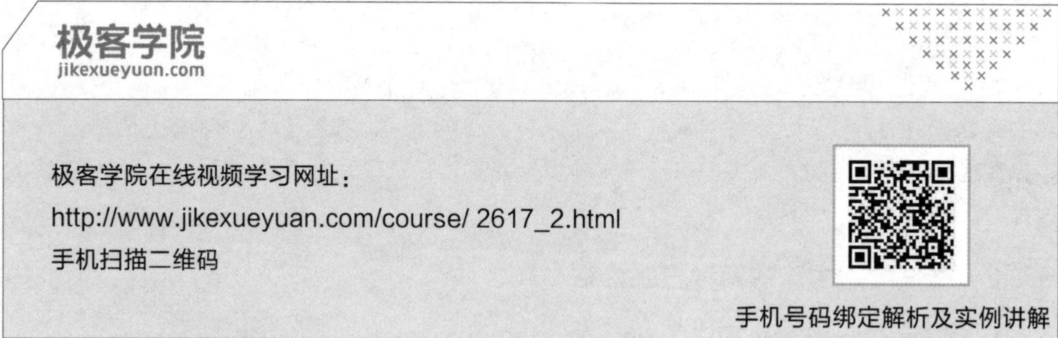

（1）进入绑定页面并获取到 openid 值。

获取用户 openid，已在 7.1 节中详细讲解，使用网页授权接口，scope 模式为 snsapi_base（只需获取 openid，无须其他信息），代码如下。

```
<?php
/*
 以snsapi_base为scope发起的网页授权
 获取access_token,openid
*/
require('wei_function.php');
$appid="wx78478e595939c538";
$secret="5540e8ccab4f71dfad752f73cfb85780";
$code=$_GET['code'];
$OAuthurl="https://api.weixin.qq.com/sns/oauth2/access_token?appid=".$appid."&secret=".$secret."&code="
.$code."&grant_type=authorization_code";
$OAuthinfo=json_decode(getdata($OAuthurl),true);
```

```
//print_r($OAuthinfo);
$access_token=$OAuthinfo['access_token'];
$openid=$OAuthinfo['openid'];

echo "获取到的access_token:<br />".$access_token."<br />";
echo "获取到的用户openid:<br />".$openid;
?>
```

详细内容可翻阅 7.1.2 小节查看。

（2）手机短信验证。

手机短信验证功能已在第 8 章详细讲解，涉及的程序文件相对较多，可翻阅第 8 章具体查看代码信息，本章只讲解核心部分。

手机短信验证与用户微信 openid 如何结合呢？在什么时候执行数据库存储这两个信息呢？

就是在验证成功后，存储手机号和 openid，但是 openid 可在进入页面时就获取，即在 8.3.2 小节中的 send.php 页面，代码如下。

```
<?php
if($_POST['setsub'])
{
    $phonenum=$_POST['phonenum'];
    $numcode=$_POST['numcode'];
    include_once("mysql.php");
    $sql="select * from message where phone='".$phonenum."'   order by id desc limit 1";
    $stmt=$dbh→query($sql);
    $row=$stmt→fetch();

    if($row['numcode']==$numcode)
    {
        echo "<script language='javascript'>alert('验证成功');location='http://www.baidu.com';</script>";
    }else
    {
        echo "<script language='javascript'>alert('验证失败');history.go(-1);</script>";
    }
}
?>

<html>
<head>
<meta content="width=device-width, initial-scale=1.0, maximum-scale=1.0, user-scalable=0" name=
"viewport">
<title>短信发送实例</title>
<script type="text/javascript" src="jquery.min.js"></script>
<script type="text/javascript">
function sendmessage(){
var phone=$("#phone").val();
datestr="ajax_phone="+phone;
```

```
$.ajax({
    type: "POST",
    url: "send_mess.php",
    data: datestr,
    cache: false,
    success: function(result)
 {
        if(result == "11")
        {
            $("#hint").html("手机号未填写");
            return false;
        }else if(result == "22"){
            alert("发送成功，请注意查收");
            return false;
        }else if(result == "33"){
            alert("发送失败，请稍后再试");
            return false;
        }
    }
    })
}
</script>
</head>
<body>
<div  style="position:absolute; top:30%;left:25%;">
<form action="" method="post">
手机号：<input type="text" name="phonenum" id="phone"><br>
验证码：<input type="text" name="numcode"><br>
<input type="button" onClick="sendmessage()" name="send" value="发送验证码">
<input type="submit" name="setsub">
</form>
</div>
</body>
</html>
```

当进入这个页面时，就需要获取 openid，并应该将获取的 openid 的代码加入 php 中，从而在验证时获取到该参数，代码如下。

```
<?php
//获取用户openid
require('wei_function.php');
$appid="wx78478e595939c538";
$secret="5540e8ccab4f71dfad752f73cfb85780";
$code=$_GET['code'];
$OAuthurl="https://api.weixin.qq.com/sns/oauth2/access_token?appid=".$appid."&secret=".$secret."&code="
.$code."&grant_type=authorization_code";
$OAuthinfo=json_decode(getdata($OAuthurl),true);
```

```
//print_r($OAuthinfo);
$access_token=$OAuthinfo['access_token'];
$openid=$OAuthinfo['openid'];

//单击提交按钮
if($_POST['setsub'])
{
    $openid=$_POST[openid];//获取openid
    $phonenum=$_POST['phonenum'];
    $numcode=$_POST['numcode'];
    include_once("mysql.php");
    $sql="select * from message where phone='".$phonenum."'  order by id desc limit 1";
    $stmt=$dbh→query($sql);
    $row=$stmt→fetch();

    if($row['numcode']==$numcode)
    {
        eho "<script language='javascript'>alert('验证成功');
        location='http://www.baidu.com';</script>";
    }else
    {
        echo "<script language='javascript'>alert('验证失败');history.go(-1);</script>";
    }
}
?>

<html>
<head>
<meta content="width=device-width, initial-scale=1.0, maximum-scale=1.0, user-scalable=0" name=
"viewport">
<title>短信发送实例</title>
<script type="text/javascript" src="jquery.min.js"></script>
<script type="text/javascript">
function sendmessage(){
var phone=$("#phone").val();
datestr="ajax_phone="+phone;
$.ajax({
    type: "POST",
    url: "send_mess.php",
    data: datestr,
    cache: false,
    success: function(result)
 {
        if(result == "11")
        {
```

```
                $("#hint").html("手机号未填写");
                return false;
            }else if(result == "22"){
                alert("发送成功，请注意查收");
                return false;
            }else if(result == "33"){
                alert("发送失败，请稍后再试");
                return false;
            }
        }
        })
}
</script>

</head>
<body>
<div  style="position:absolute; top:30%;left:25%;">
<form action="" method="post">
手机号：<input type="text" name="phonenum" id="phone"><br>
验证码：<input type="text" name="numcode"><br>
<input type="hidden" name="openid" value="<?php echo $openid; ?>">
<input type="button" onClick="sendmessage()" name="send" value="发送验证码">
<input type="submit" name="setsub">
</form>
</div>
</body>
</html>
```

✧ 代码解析

该代码中增加了获取的 openid 的代码，以及<input type="hidden" name="openid" value="<?php echo $openid; ?>">是将获取到的 openid 放到 html 表单中，当单击“提交”按钮时获取该参数，即：$openid=$_POST[openid]。

提交时相当于刷新了页面，所以在页面获取到 openid 后需要放入表单，提交的时候再次获取，这样才可以保留 openid 值。

（3）将 openid 与手机号存储到数据库。

此时所需的参数全部具备，验证成功后将用户手机号与 openid 存储到数据库即可完成绑定。

① 创建数据库。新建一个绑定数据表，仍然使用 phpMyAdmin，运行本地环境 WAMP，单击桌面右下角 WAMP 图标→“phpMyAdmin”，如图 9-2 所示。

在 8.1.1 节中已创建名为“message”的数据库，将“userinfo”数据表创建到该数据库下，单击左侧“message”，在右侧新建数据表处填写数据表名称“userinfo”与字段数“4”，如图 9-3 所示。

图 9-2 打开 WAMP 中 phpMyAdmin 工具

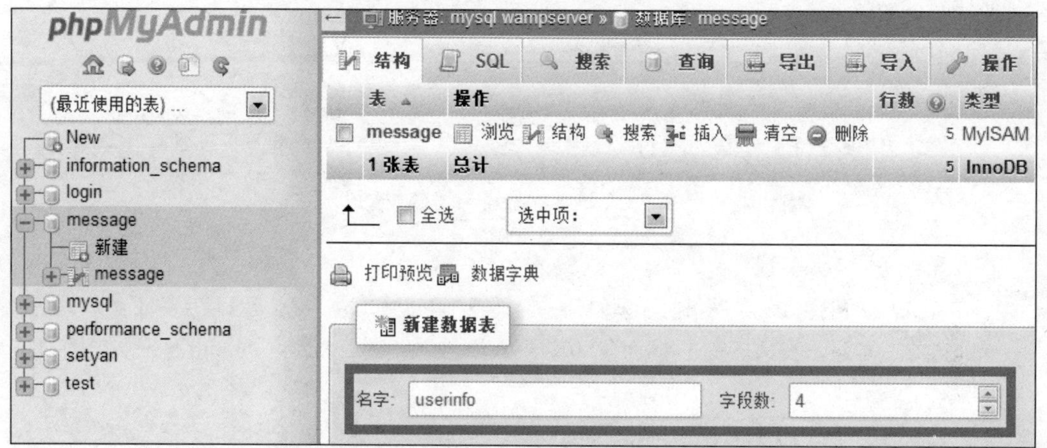

图 9-3 在 message 数据库中创建 userinfo 数据表

数据表“userinfo”，字段分别包括：

- Id，每条记录的 ID 值，类型为 INT，并设置为主键，自增长。
- 手机号，命名为“phone”，类型为 VARCHAR。
- openid，微信对于公众号的唯一标识，类型为 VARCHAR。
- 时间，取增加到数据库的时间，命名为“lasttime”，类型为 TIMESTAMP。

创建成功后的数据表，如图 9-4 所示。

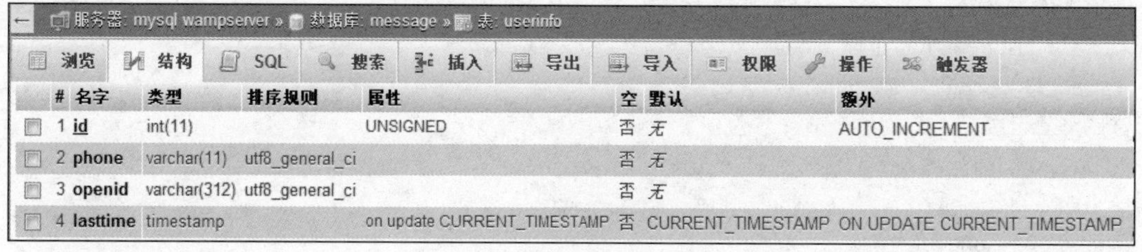

#	名字	类型	排序规则	属性	空	默认	额外
1	id	int(11)		UNSIGNED	否	无	AUTO_INCREMENT
2	phone	varchar(11)	utf8_general_ci		否	无	
3	openid	varchar(312)	utf8_general_ci		否	无	
4	lasttime	timestamp		on update CURRENT_TIMESTAMP	否	CURRENT_TIMESTAMP	ON UPDATE CURRENT_TIMESTAMP

图 9-4 数据表 userinfo

② 存储数据。手机短信验证成功后，将用户的手机号与 openid 存储到“userinfo”表，代码如下（只展示关键部分）。

```
if($row['numcode']==$numcode)
{
    $sql="insert into userinfo(phone,openid) values ('".$phonenum."','".$openid."')";
    $res=$dbh→exec($sql);
    if($res)
    {
        echo "<script language='javascript'>alert('验证成功');
location='http://www.baidu.com';</script>";
    }
}else
{
        echo "<script language='javascript'>alert('验证失败');history.go(-1);</script>";
}
```

存储到数据库，如图 9-5 所示。

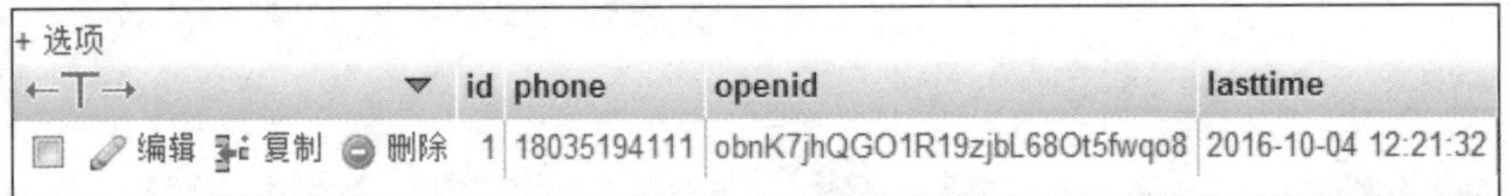

+ 选项	id	phone	openid	lasttime
编辑 复制 删除	1	18035194111	obnK7jhQGO1R19zjbL68Ot5fwqo8	2016-10-04 12:21:32

图 9-5 手机号与 openid 存储数据库

（4）再次进入无须验证。

绑定完成后，再次进入该网页时无须验证，而是直接完成登录并跳转至登录后的页面。

完成这个功能最重要的是在进入页面时获取到 openid 的同时，查询该 openid 是否绑定过，如已绑定即跳转，没有绑定即走绑定流程。

假设登录后的页面为“http://www.baidu.com”，再次进入无须验证代码如下（只展示关键部分）。

```
//获取用户openid
session_start();
require('wei_function.php');
$appid="wx78478e595939c538";
$secret="5540e8ccab4f71dfad752f73cfb85780";
$code=$_GET['code'];
$OAuthurl="https://api.weixin.qq.com/sns/oauth2/access_token?appid=".$appid."&secret=".$secret."&code="
.$code."&grant_type=authorization_code";
$OAuthinfo=json_decode(getdata($OAuthurl),true);
//print_r($OAuthinfo);
$access_token=$OAuthinfo['access_token'];
$openid=$OAuthinfo['openid'];
//判断是否已绑定
include_once("mysql.php");
$sql="select count(id) from userinfo where openid='".$openid."'";
$stmt=$dbh→query($sql);
$row=$stmt→fetch();
```

```
if($row['count(id)'] > 0)
{
    $_SESSION['openid']=$openid;
    header("location:http://www.baidu.com");exit;
}
```

✧ 代码解析

session_start();开启 session，session 相当于服务器端的 cookie，常用于判断用户是否已登录，具体可翻阅 PHP 开发相关书籍。

include_once("mysql.php");，获取到 openid 后，包含数据库文件。

```
$sql="select count(id) from userinfo where openid='".$openid."'";
$stmt=$dbh→query($sql);
$row=$stmt→fetch();
if($row['count(id)'] > 0)
{
    $_SESSION['openid']=$openid;
    header("location:http://www.baidu.com");exit;
}
```

执行 sql 语句查询该 openid 是否已绑定，如果结果大于 0，即绑定过，并将该 openid 赋值给 session，完成登录并跳转到“http://www.5666666.net”。

登录所用 session 应进行加密处理，详细的 PHP 知识可查找相关书籍、资料学习。

PART10

第10章 微信公众平台开发之面向对象

重点知识：

- 面向对象开发介绍
- 微信开发如何使用面向对象

■ 作为本书的终章，本章内容有着总结性的意义，同时面向对象的编程思想也是微信公众平台开发者需要掌握的。本书出于让初学者更加容易理解的目的，代码部分并未使用面向对象的方式开发，而本章将重点阐述面向对象的开发方式。

10.1 面向对象开发介绍

面向对象是每一个开发者都需要掌握的一种思想，它能帮助开发者更加清晰、快速地完成系统开发，并提高系统的重用性、灵活性与扩展性。

10.1.1 面向对象开发简介

早期的计算机编程基于面向过程，例如实现算术运算 1+1+2 = 4，通过设计一个算法就可以解决当时的问题。随着计算机技术的不断提高，计算机逐渐被用于解决越来越复杂的问题。一切事物皆对象，通过面向对象的方式，将现实世界中的事物抽象成对象，将现实世界中的关系抽象成类、继承，帮助人们实现对现实世界的抽象与数字建模。通过面向对象的方法，更有利于用人理解的方式对复杂系统进行分析、设计与编程；同时，面向对象能有效提高编程的效率，通过封装技术，消息机制可以像搭积木一样快速开发出一个全新的系统。面向对象是指一种程序设计范型，同时也是一种程序开发的方法。对象指的是类的集合，它将对象作为程序的基本单元，将程序和数据封装其中，以提高软件的重用性、灵活性和扩展性。

这是百度百科的解释，比较难理解。笔者个人认为，开发者应该在有一些编程经验后，再来理解面向对象会更好一些。

面向对象的内容很多，本章不作详细讲解，读者可阅读相关书籍。

10.1.2 面向对象的特性

在定义一个类的时候，实际上就是把一类事物共有的属性和行为提取出来形成一个物理模型（模板），这种研究问题的方法称为抽象。

1. 封装

封装就是把抽取出来的数据和对数据的操作方法封装在一起，数据被保护在内部，并提供不同的权限来供外部访问，对不可信的信息进行隐藏。

在 PHP 中类中成员的属性有 public、protected、private，这三个属性的访问权限依次降低。

- public。权限最大，表示全局，类内部外部子类都可以访问。
- protected。表示受保护的，只有本类或子类或父类中可以访问。
- private。表示私有的，只有本类内部可以使用。

2. 继承

继承就是建立类之间的关系，实现代码重用、方便系统的扩展。

通过继承创建的新类称为“子类”或“派生类”，被继承的类称为“基类”“父类”或“超类”。

3. 多态性

多态是指两个或多个属于不同类的对象，对于同一个消息（方法调用）作出不同响应的方式。相同的方法调用可实现不同的方式。

OO 开发范式大致为：划分对象→抽象类→将类组织成为层次化结构（继承和合成）→用类与实例进行设计和实现几个阶段。

10.1.3 面向对象的重要性

（1）面向对象有利于多人协同合作，可以使得程序员专注于一个整体中的细分局部来工作。

（2）使用面向对象可以使项目逻辑、层次更加清晰，以帮助开发者更快速地完成项目。

（3）解决了大型程序开发维护难的问题，后期更容易扩展。

（4）代码复用性高，程序组织更加清晰。

10.2 微信开发如何使用面向对象

面向对象有着诸多优点，但要真正掌握需开发者基于一定的理解和实操经验。本节内容将作为面向对象开发的入门，希望读者认真思考并理解。

10.2.1 创建一个 class 类

首先创建一个 PHP 类文件，PHP 类文件命名时通常以.class.php 为后缀，文件名和类名相同，此处命名为“WxApi.class.php”，如图 10-1 所示。

图 10-1 新建 WxApi.class.php 的类文件

之后在类文件中创建一个类，方法如下。

```
class Class_Name
{
// 字段声明
// 方法声明
}
```

以 class 开头，定义为类文件，class 后为该类的名称，{}中声明字段和方法。

此处定义类文件名为 WxApi，创建代码如下。

```
<?php
/**
* 微信开发实例教程面向对象入门
* 微信公众平台接口文件配置类
* ============================
* $Author: mengxianglei $
* $Id: WxApi.class.php 2016-40-07 09:39:08 $
*/
class WxApi
{
```

```
    function __construct(argument)
    {

    }
}
?>
```

✧ 代码解析

类开头可用注释说明本类的一些基本信息，如用途、作者、时间以及版权等。

```
class WxApi
{
    function __construct(argument)
    {

    }
}
```

创建一个名为 WxApi 的类，__construct 为构造方法，是对象创建完成后第一个被自动调用的方法，通常被用来执行一些有用的初始化任务，可为空。

10.2.2 创建被动回复纯文本信息的方法

1. 类中应该写哪些属性和方法

类创建好之后，里面应该写哪些属性和方法？10.1.2 小节中讲道：“在定义一个类的时候，实际上就是把一类事物共有的属性和行为提取出来，形成一个物理模型（模板），这种研究问题的方法称为抽象。”

那么在微信接口文件中，哪些是事物共有的属性和行为呢？首先应该想到的是，每种回复信息的类型，如用户新关注时可能会回复用户文本信息；用户发送关键字时也可能回复文本信息，而每次回复都需要写入指定格式的 xml，类似这些都应该提取出来放到类里面。作为类的一个方法，除文本信息外，图文、图片、音乐等类型的信息都应该提取出来。

2. 创建回复纯文本信息的方法

微信原生接口配置文件中回复纯文本信息的具体方法如下。

```
$textTpl = "<xml>
 <ToUserName><![CDATA[%s]]></ToUserName>
 <FromUserName><![CDATA[%s]]></FromUserName>
 <CreateTime>%s</CreateTime>
 <MsgType><![CDATA[%s]]></MsgType>
 <Content><![CDATA[%s]]></Content>
 <FuncFlag>0</FuncFlag>
 </xml>";

 $msgType = "text";
 $contentStr = "Hello World";
 $resultStr = sprintf($textTpl, $fromUsername, $toUsername, $time, $msgType, $contentStr);
```

```
echo $resultStr;
```

代码解析详见 2.1.2 小节。

将这段代码的功能写成一个类的方法，即先在类里面创建一个方法，命名为 responseText。该方法权限为 public，代码如下。

```
public function responseText()
 {

 }
```

()内填写调用该方法所需的参数，{}内填写方法的具体操作。

那么，回复纯文本信息分别需要的是$resultStr 内的所有参数，也就是

$textTpl，$fromUsername，$toUsername，$time，$msgType，$contentStr，分别介绍这些参数如何获取。

- $textTpl。也就是 xml 的格式，直接写到方法中。
- $ fromUsername，$toUsername。需要传入的值，分别是发送的微信用户与接收信息的微信用户，可通过微信公众平台接口文件中的$postObj 数据获取，该数据为微信服务器根据用户的操作将指定 xml 信息发送给接入服务器的数据。
- $time，$msgType。直接在方法中定义。
- $contentStr。需要传入方法的值，具体回复的文本信息。

所以在 responseText()，()中需要传入的参数分别是$postObj 和$contentStr。

回复纯文本信息的方法代码如下。

```
public function responseText($postObj,$content)
 {
     //回复文本信息的xml
     $template = "<xml>
     <ToUserName><![CDATA[%s]]></ToUserName>
     <FromUserName><![CDATA[%s]]></FromUserName>
     <CreateTime>%s</CreateTime>
     <MsgType><![CDATA[%s]]></MsgType>
     <Content><![CDATA[%s]]></Content>
     </xml>";
     $fromUser = $postObj→ToUserName;
     $toUser    = $postObj→FromUserName;
     $time       = time();
     $msgType   = 'text';
     echo sprintf($template, $toUser, $fromUser, $time, $msgType, $content);
 }
```

此时，类文件整体代码如下。

```
<?php
/**
* 微信开发实例教程面向对象入门
* 微信公众平台接口文件配置类
* ============================
```

```
* $Author: mengxianglei $
* $Id: WxApi.class.php 2016-40-07 09:39:08 $
*/
class WxApi
{
    public function responseText($postObj,$content)
    {
        //回复文本信息的xml
        $template = "<xml>
        <ToUserName><![CDATA[%s]]></ToUserName>
        <FromUserName><![CDATA[%s]]></FromUserName>
        <CreateTime>%s</CreateTime>
        <MsgType><![CDATA[%s]]></MsgType>
        <Content><![CDATA[%s]]></Content>
        </xml>";
        $fromUser = $postObj→ToUserName;
        $toUser   = $postObj→FromUserName;
        $time     = time();
        $msgType  = 'text';
        echo sprintf($template, $toUser, $fromUser, $time, $msgType, $content);
    }

}
?>
```

10.2.3 实例化类并使用被动回复方法

1. 包含类文件

类、方法创建好之后，如何使用呢？首先应该将该类文件包含在微信接口文件中，在接口文件开头包含，代码为：require("WxApi.class.php");使用 require()函数包含。

2. 实例化类

PHP 中，实例化类使用关键字 new 来声明一个对象，格式为：$对象名 = new 类名称([参数]); 实例化后，才能调用要使用的方法。

在微信接口文件的 wechatCallbackapiTest()类中，创建构造函数来实例化 WxApi 类，代码如下（只展示关键部分）。

```
class wechatCallbackapiTest
{
    public function __construct()
    {
        $this→WxApi=new WxApi();
    }
    public function __construct()
    {
        $this→WxApi=new WxApi();
    }
```

3. 调用回复文本信息的方法

设定用户回复任意关键词，回复用户“您已调用成功”的关键词。

代码如下（只展示关键部分）。

```
if(!empty( $keyword ))
{
   $contentStr = "您已调用成功";
   $this→WxApi→responseText($postObj,$contentStr);
}else{
    echo "Input something...";
}
```

效果如图 10-2 所示。

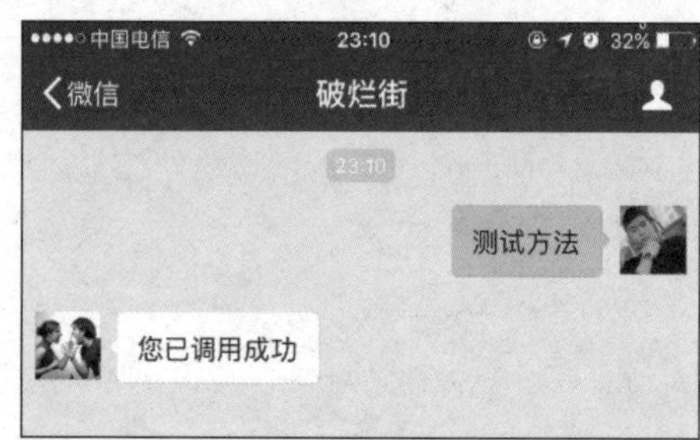

图 10-2 调用 responseText()方法成功

此时，原接口文件中用于回复用户文本信息的 xml 也可以删除，删除部分代码如下。

```
$textTpl = "<xml>
            <ToUserName><![CDATA[%s]]></ToUserName>
            <FromUserName><![CDATA[%s]]></FromUserName>
            <CreateTime>%s</CreateTime>
            <MsgType><![CDATA[%s]]></MsgType>
            <Content><![CDATA[%s]]></Content>
            <FuncFlag>0</FuncFlag>
            </xml>";
```

此时，微信接口文件调用类文件的全部代码如下。

```
<?php
/**
  * wechat php test
  */

//define your token
require("WxApi.class.php");
define("TOKEN", "weixin");
$wechatObj = new wechatCallbackapiTest();
if($_GET["echostr"])
{
   $wechatObj→valid();
}else
```

```
{
    $wechatObj→responseMsg();
}
class wechatCallbackapiTest
{
public function __construct()
    {
        $this→WxApi=new WxApi();
    }

    public function valid()
    {
        $echoStr = $_GET["echostr"];

        //valid signature , option
        if($this→checkSignature()){
         echo $echoStr;
         exit;
        }
    }

    public function responseMsg()
    {
     $postStr = $GLOBALS["HTTP_RAW_POST_DATA"];
     if (!empty($postStr)){
                libxml_disable_entity_loader(true);
                $postObj=simplexml_load_string($postStr,'SimpleXMLElement', LIBXML_NOCDATA);
                $fromUsername = $postObj→FromUserName;
                $toUsername = $postObj→ToUserName;
                $keyword = trim($postObj→Content);
                $Event = trim($postObj→Event);
                $MsgType = $postObj→MsgType;
                 $EventKey = $postObj→EventKey;
                $time = time();

               if(!empty( $keyword ))
                {
                    $contentStr = "您已调用成功";
                    $this→WxApi→responseText($postObj,$contentStr);
                }else{

                    echo "Input something...";
                }

      }else {
```

```
            echo "";
            exit;
        }
    }
private function checkSignature()
{
        // you must define TOKEN by yourself
        if (!defined("TOKEN")) {
            throw new Exception('TOKEN is not defined!');
        }

        $signature = $_GET["signature"];
        $timestamp = $_GET["timestamp"];
        $nonce = $_GET["nonce"];

    $token = TOKEN;
    $tmpArr = array($token, $timestamp, $nonce);
        // use SORT_STRING rule
    sort($tmpArr, SORT_STRING);
    $tmpStr = implode( $tmpArr );
    $tmpStr = sha1( $tmpStr );

    if( $tmpStr == $signature ){
        return true;
    }else{
        return false;
    }
  }
}
?>
```

回复文本信息的方法已完成创建，回复图文、图片、音乐以及天气预报查询功能、带参数二维码等都可以作为一个方法存在。本章内容作为微信面向对象的入门知识，读者需深刻理解并运用。